遠江の鳥

バードウォッチングガイド Ⅱ

静岡県西部の野鳥

日本野鳥の会　遠江

スズガモ（浜名湖）12月

[目次]

発刊に寄せて	P3
はじめに	P4
観察・撮影マナー	P5
探鳥地地図	P6〜7
本書の使い方	P8〜9
分類別索引	P10〜15
身近な鳥（基本種）	P16〜19
四季の野鳥（作品集）	P20〜27
遠江の鳥選定について	P28
野鳥写真（全295種）	
水辺の鳥	P29〜51
山野の鳥	P52〜79
外来種	P79
各観察地で観察された鳥リスト	P80〜88
探鳥会の魅力・入会案内	P89〜90
和名・アイウエオ順索引	P91〜93
あとがき	P94
参考文献・協力者	P95〜96

タマシギ

発刊に寄せて

　日本野鳥の会は全国に89もの連携団体があり、静岡県には6団体あります。県西部で45年を越えて活動している日本野鳥の会 遠江が発行した『遠江の鳥 バードウォッチングガイド』が好評と聞き及び、嬉しく思っていました。この度は、会員の写真を生かして本書の刊行に至ったそうです。素晴らしい写真の数々が、野鳥を脅かさないように配慮して撮影されていると聞いて、さらに嬉しくなりました。

　以後、本書にお勧めしてもらった『フィールドガイド日本の野鳥』増補改訂新版の「はじめに」から抜粋させていただきます……
　鳥は、恒温動物で学習能力を持ち、子育てをするなど私たちほ乳類と共通点があります。ほ乳類は雌だけで子育てする種が多いのですが、鳥の世界では雄も加わるのが普通です。さらに、私たち人間と同じように視覚中心で暮らしており、嗅覚中心で夜行性、地味な種が多いほ乳類と比べると、色や模様に特徴が多く、見分けやすいと言えます。また、昆虫や植物ほど種が多くない点からも、理解しやすい生物と言えるでしょう。
　1934年、鳥といえば捕らえて食べるか飼うのが一般的であった当時、中西悟堂により、「ありのままに野の鳥の生き様を見て、姿や声を愛でる」という精神に基づいて日本野鳥の会が創設され、今では日本で最大の自然保護NGOとして活動を続けています。
　自然に配慮した社会や暮らしを考えないと未来は危ういとされ、「持続可能な未来」が全人類共通の最大課題となった今日こそ、あるがままの鳥たちが暮らす自分の町の自然、自分の国、自分の星を見直してみませんか。ヒトをはぐくみ、人類繁栄の基盤となった地球環境が持続しない事態は回避しなくてはなりませんが、まず、地球が楽しくて美しく、すごくて不思議な星だということを、あなたの町から感じていただきたいと思うのです。

　　　　公益財団法人 日本野鳥の会　会長　柳生 博

日本の国鳥
キジ

はじめに

　この度、日本野鳥の会　遠江（支部）創立45周年を記念して、『遠江の鳥バードウォッチングガイド　静岡県西部の身近な探鳥地』（以下『BWGⅠ』）に続き、『遠江の鳥バードウォッチングガイドⅡ静岡県西部の野鳥』（以下『BWGⅡ』）を刊行することになりました。

　本書は学術的な図鑑や記録を提供するものではなく、遠江地方でどんな鳥が見られるかがすぐに分かり、学校活動や野鳥観察会や野鳥撮影等でも気軽に使えるようなガイドブックになるように編集しました。

　掲載種は2000年頃から観察された静岡県西部地方の野鳥及び一部外来種を含め295種（内亜種5種）を網羅しました。当日本野鳥の会　遠江の探鳥会での記録やモニタリング調査等のデータをベースに、専門的な記録だけではなく、いわゆるアマチュアバーダーやアマチュアカメラマンの観察や撮影記録も参考にしています。尚、記録があるものでも非常にまれな種や近年殆ど見られていない種は除いています。

　掲載の順序は主に水辺の鳥と山野の鳥に分け日本野鳥の会発行の高野伸二著『フィールドガイド日本の野鳥』増補改訂新版にほぼ準拠していますが、一部編集の都合等により順序が入れ替わっているところもあります。
　記述は図鑑的解説は少なくしてあり、詳細な鳥の内容を知りたい場合は上記『フィールドガイド日本の野鳥』を参照して下さい。

　写真は主に会員が静岡県西部地方で撮影したものですが一部静岡県内や県外等で撮影されたものも含みます。撮影場所は差し支えない場合は明示していますが、保護上必要な場合や静岡県西部地区以外で撮影されたものは記載してありません。

　本書の特徴は掲載種を静岡県西部（遠江地方）に絞り、鳥の検索をし易くしていることです。又各鳥や観察地点の解説には会員によるお勧め情報が満載されています。

　バードウォッチングをこれから始めたい方・始めて間もない方からベテランバーダーまで、又学校等の教材としても利用価値の高いガイドブックとなっており、有効に活用して頂けたら幸いです。
　さらに『BWGⅠ』と併用して使って頂くとより効率的なバードウォッチングが楽しめると思います。

　　　"野鳥も人も地球のなかま"

2018年5月
日本野鳥の会　遠江
代表　増田裕

観察・撮影マナー

感動的な出会いや発見は、野鳥や人に対するやさしい気配りから生まれます。

＜野鳥に対して＞
- 鳥の生活にストレスを与えない距離を保とう。
- できるだけ少人数で、静かに、急な動きはしないこと。
- 営巣中の鳥は神経質になっているので近寄らないこと。
- 音声による誘引、餌付け、人工照明などは避けよう。
- 植物の剪定、採取など環境の改変は控えよう。

＜人に対して＞
- まずは「あいさつ」からスタート。人との出会いも大切に。
- 他人の土地に無断で入らないこと。
- 車の運転、駐車、三脚など機材の設置はそこに生活する人達の迷惑にならないよう注意しよう。
- 人々の暮らしを覗く形にならないようレンズの向け方に配慮しよう。
- 火災の心配があるのでタバコはくれぐれも注意。ゴミは持って帰ろう。
- 観察、撮影はゆずり合いの精神で。

野鳥や人や環境にやさしく！

日本野鳥の会　遠江

ヨシガモ

ダイサギの群れ

探鳥地図

静岡県西部（遠江地方）探鳥地一覧

本頁の地図は「遠江の鳥 バードウォッチングガイド 静岡県西部の探鳥地」(BWG Ⅰ)に掲載の探鳥地地図がベースになっています。本バードウォッチングガイドⅡは本地図のエリアを対象にしています。

浜松市の探鳥地

1. 浜松城公園・・・・・・・・・・・P28
2. 飯田公園・・・・・・・・・・・・P30
3. 佐鳴湖・・・・・・・・・・・・・P32
4. 遠州灘海浜公園・・・・・・・・・P34
5. 県立森林公園・・・・・・・・・・P36
6. 万葉の森公園・・・・・・・・・・P38
7. 天竜川中流・・・・・・・・・・・P40
8. 天竜川河口・・・・・・・・・・・P42
9. 引佐湖・・・・・・・・・・・・・P44
10. 都田川中流・・・・・・・・・・P46
11. 都田川下流・・・・・・・・・・P48
12. 細江公園〜二三月峠・・・・P50
13. 細江湖・・・・・・・・・・・・P52
14. 村櫛海岸・・・・・・・・・・・P54
15. 猪鼻湖・・・・・・・・・・・・P56
16. 浜名湖ガーデンパーク・・P57
17. 弁天島・・・・・・・・・・・・P58
18. 二俣城跡・・・・・・・・・・・P59
19. 鳥羽山公園・・・・・・・・・・P60
20. 山住/家老平/野鳥の森・・P62
21. 秋葉神社・上社周辺・・・・P64
22. 船明ダム・・・・・・・・・・・P66
23. 雨生山・・・・・・・・・・・・P67

静岡県外の探鳥地（愛知県）

磐田・袋井・掛川などの探鳥地
- ㉔ 鶴ケ池 ……………… P70
- ㉕ 桶ケ谷沼 …………… P72
- ㉖ 磐田大池 …………… P74
- ㉗ つつじ公園 ………… P76
- ㉘ かぶと塚公園 ……… P78
- ㉙ 太田川河口 ………… P80
- ㉚ 獅子ケ鼻公園 ……… P82
- ㉛ 小笠山総合運動公園 … P84
- ㉜ 法多山〜菩提山林道 … P86
- ㉝ ドンドン隧道〜マスラノ池 ‥ P88
- ㉞ 浅羽 ………………… P90
- ㉟ 小國神社 …………… P92
- ㊱ 葛布の滝（森町）… P94
- ㊲ 横地城跡 …………… P96
- ㊳ 高天神城跡 ………… P98
- ㊴ 菊川河口 …………… P99
- ㊵ 御前崎海岸 ………… P100

大井川流域の探鳥地
- ㊶ 大井川中流 ………… P104
- ㊷ 大井川河口 ………… P105

【参考】静岡県外の探鳥地（愛知県）
- ㊸ 汐川干潟 …………… P108
- ㊹ 伊良湖岬 …………… P109
- ㊺ 豊橋公園 …………… P110
- ㊻ 北山湿地 …………… P111
- ㊼ 岡崎公園 …………… P112
- ㊽ 巴川（九久平）…… P113
- ㊾ 段戸裏谷 …………… P114
- ㊿ 面ノ木園地周辺 …… P115

※ 各探鳥地の表記ページは「遠江の鳥 バードウォッチングガイド 静岡県西部の身近な探鳥地」(BWGⅠ)に於ける掲載ページです。

本書の使い方

本バードウォッチングガイド『BWGⅡ』は図鑑的要素は少なくしバードウォッチングや野鳥撮影で使い易い様に静岡県西部(遠江)エリアで記録のある鳥291種(亜種を含む)+外来種4種を写真付で掲載しています。『BWGⅠ』と併用して使って頂くとより効率的に楽しめると思います。

主に見られる時期　黒:1年中見られる
青:秋～冬季に主に見られる
緑:初夏～夏季に主に見られる
橙:春や秋の渡りの時期に主に見られる
紫:迷鳥でまれにしか見られない

和名鳥種(主に見られる時期と同色)

代表的な写真を掲載しています
(写真の著作権は撮影者にあり、無断使用を禁止します。)

会員によるお勧め情報のマーク

※ニシオジロビタキはオジロビタキの亜種として掲載しています。
(鳥類目録改訂第7版では別種として検討中)

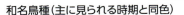

※同じ鳥種でも場所により主に見られる時期は異なります
※環境変化などにより見られる場所や時期は変化することがあります

野鳥の詳しい生態等をより知りたい方は『フィールド
ガイド日本の野鳥(日本野鳥の会)』等の野鳥図鑑を
参照ください。(P95参照)

L:鳥の嘴の先端から尾の先迄の長さ
♂はオス、♀はメス

アカハラダカ L♂30cm、♀33cm 春秋
(9月 滝沢)
少ない旅鳥で胸は薄橙色

ハイタカ L♂32cm、♀39cm 年中
(11月 磐田大池)
♂はハト大で小型。翼指6枚で光彩は黄

ミ L♂27cm、♀30cm 春秋 夏
(6月)
イタカに似るが少し小さい。黄色いアイリングがある。翼指は5枚

ヤブサ L♂41cm、♀49cm 年中
(1月 浅羽)
飛翔 (10月)
飛んでいる鳥を急降下で捕獲するシーンは是非見てみたい。精悍な顔つき

幼鳥 (1月 太田川)
アオバトを捕獲 (8月 浜名湖)

山野

非掲載種について
下記の種は記録はあるがまれな
為、本書には掲載していません。

カリガネ
アカハジロ
メジロガモ
ハシジロアビ
ハイイロミズナギドリ
アカアシミズナギドリ
オオグンカンドリ
ヒメクイナ
オオジシギ
オオハシシギ
シベリアオオハシシギ
ヒメハマシギ
ヒメウズラシギ
サルハマシギ
コモンシギ
コシジロアジサシ
セグロアジサシ
ベニアジサシ
エリグロアジサシ
トウゾクカモメ
クロトウゾクカモメ
マダラウミスズメ
カンムリウミスズメ
オオコノハズク
ヒメチョウゲンボウ
オウチュウ
ツリスガラ
ムジセッカ
イイジマムシクイ
シマセンニュウ
オオセッカ
エゾセンニュウ
ツメナガセキレイ
ムネアカタヒバリ
アカマシコ
ノジコ
(アイスランドカモメ)
(カナダカモメ)
(ニシセグロカモメ)

記載内容に変更があった場合はなるべく、日本野鳥の会 遠江の
ホームページ(http://www.wbsjtm.com)でお知らせする予定です

分類別索引

目　名	科　名	種　名	頁
アビ目	アビ科	アビ	29
		シロエリオオハム	
		オオハム	
カイツブリ目	カイツブリ科	アカエリカイツブリ	
		カンムリカイツブリ	
		ハジロカイツブリ	30
		カイツブリ	
		ミミカイツブリ	
カツオドリ目	ウ科	ヒメウ	
		カワウ	31
		ウミウ	
カモ目	カモ科(ハクチョウ類)	コブハクチョウ(外来種)	
		オオハクチョウ	
		コハクチョウ	
	カモ科(ガン類)	コクガン	
		マガン	
		ヒシクイ	32
	カモ科(ツクシガモ類)	ツクシガモ	
	カモ科(淡水ガモ類)	マガモ	
		カルガモ	
		ハシビロガモ	
		コガモ	33
		アメリカコガモ(亜種)	
		シマアジ	
		トモエガモ	
		ヨシガモ	
		オシドリ	34
		オカヨシガモ	
		オナガガモ	
		ヒドリガモ	35
		アメリカヒドリ	
	カモ科(海水ガモ類)	アカハシハジロ	
		ホシハジロ	
		ホオジロガモ	
		キンクロハジロ	36
		クビワキンクロ	
		コスズガモ	
		スズガモ	
		シノリガモ	37
		コオリガモ	
		クロガモ	
		ビロードキンクロ	
	カモ科(アイサ類)	コウライアイサ	
		ウミアイサ	
		カワアイサ	
		ミコアイサ	38
ミズナギドリ目	ミズナギドリ科	オオミズナギドリ	
		ハシボソミズナギドリ	
カツオドリ目	グンカンドリ科	コグンカンドリ	

目 名	科 名	種 名	頁
チドリ目	カモメ科	オオセグロカモメ	38
		セグロカモメ	
		ウミネコ	
		ワシカモメ	39
		シロカモメ	
		カモメ	
		ズグロカモメ	
		ユリカモメ	
		ミツユビカモメ	
	カモメ科(アジサシ類)	ハジロクロハラアジサシ	
		クロハラアジサシ	
		オニアジサシ	40
		ハシブトアジサシ	
		アジサシ	
		アカアシアジサシ(亜種)	
		コアジサシ	
		オオアジサシ	
	ウミスズメ科	ウミスズメ	
ペリカン目	サギ科	サンカノゴイ	41
		ヨシゴイ	
		ゴイサギ	
		ミゾゴイ	
		ササゴイ	
		アカガシラサギ	
		カラシラサギ	
		アマサギ	42
		コサギ	
		チュウサギ	
		ダイサギ(亜種チュウダイサギ)	
		クロサギ	
		アオサギ	43
	トキ科	ヘラサギ	
		クロツラヘラサギ	
コウノトリ目	コウノトリ科	コウノトリ	
ツル目	ツル科	ナベヅル	
		カナダヅル	
		マナヅル	44
	クイナ科	オオバン	
		バン	
		クイナ	
		ヒクイナ	
チドリ目	ミヤコドリ科	ミヤコドリ	
	レンカク科	レンカク	45
	チドリ科	ハジロコチドリ	
		コチドリ	
		イカルチドリ	
		シロチドリ	
		メダイチドリ	
		オオメダイチドリ	

目　名	科　名	種　名	頁
チドリ目	チドリ科	ムナグロ	45
		ダイゼン	46
		タゲリ	
		ケリ	
	ツバメチドリ科	ツバメチドリ	
	シギ科	トウネン	
		オジロトウネン	
		ヒバリシギ	47
		ヨーロッパトウネン	
		アメリカウズラシギ	
		ウズラシギ	
		キリアイ	
		ミユビシギ	
		ハマシギ	
		オバシギ	48
		コオバシギ	
		エリマキシギ	
		ヘラシギ	
		タカブシギ	
		クサシギ	49
		コアオアシシギ	
		イソシギ	
		ソリハシシギ	
		キョウジョシギ	
		ツルシギ	
		アカアシシギ	
		アオアシシギ	50
		キアシシギ	
		オグロシギ	
		オオソリハシシギ	
		ダイシャクシギ	
		ホウロクシギ	
		チュウシャクシギ	
		コシャクシギ	
		タシギ	51
		チュウジシギ	
		アオシギ	
		ヤマシギ	
	（ヒレアシシギ類）	アカエリヒレアシシギ	
	タマシギ科	タマシギ	
	セイタカシギ科	セイタカシギ	
		ソリハシセイタカシギ	
タカ目	ミサゴ科	ミサゴ	52
	タカ科	オジロワシ	
		オオワシ	
		イヌワシ	
		クマタカ	53
		ハチクマ	
		トビ	
		サシバ	

目 名	科 名	種 名	頁
タカ目	タカ科	ノスリ	54
		ケアシノスリ	
		チュウヒ	
		ハイイロチュウヒ	
		オオタカ	
		アカハラダカ	55
		ハイタカ	
		ツミ	
ハヤブサ目	ハヤブサ科	ハヤブサ	
		チゴハヤブサ	56
		コチョウゲンボウ	
		チョウゲンボウ	
フクロウ目	フクロウ科	トラフズク	
		コミミズク	
		フクロウ	57
		コノハズク	
		アオバズク	
キジ目	キジ科	ライチョウ	
		ウズラ	58
		ヤマドリ	
		コジュケイ (外来種)	
		キジ	
ハト目	ハト科	キジバト	
		ベニバト	
		アオバト	59
カッコウ目	カッコウ科	カッコウ	
		ツツドリ	
		ホトトギス	60
		ジュウイチ	
ヨタカ目	ヨタカ科	ヨタカ	
アマツバメ目	アマツバメ科	ハリオアマツバメ	
		ヒメアマツバメ	
		アマツバメ	
ブッポウソウ目	カワセミ科	ヤマセミ	
		アカショウビン	61
		カワセミ	
	ブッポウソウ科	ブッポウソウ	
サイチョウ目	ヤツガシラ科	ヤツガシラ	
キツツキ目	キツツキ科	アオゲラ	62
		コゲラ	
		アカゲラ	
		オオアカゲラ	
		アリスイ	
スズメ目	カササギヒタキ科	サンコウチョウ	63
	ヤイロチョウ科	ヤイロチョウ	
	コウライウグイス科	コウライウグイス	
	ヒバリ科	ヒバリ	
	ツバメ科	イワツバメ	64
		ショウドウツバメ	
		コシアカツバメ	

目 名	科 名	種 名	頁
スズメ目	ツバメ科	ツバメ	64
	セキレイ科	キセキレイ	65
		ハクセキレイ	
		セグロセキレイ	
		ビンズイ	
		タヒバリ	
	サンショウクイ科	サンショウクイ	
	ヒヨドリ科	ヒヨドリ	
	モズ科	モズ	66
	レンジャク科	ヒレンジャク	
		キレンジャク	
	カワガラス科	カワガラス	
	ミソサザイ科	ミソサザイ	
	イワヒバリ科	イワヒバリ	
		カヤクグリ	
	ヒタキ科	コマドリ	67
		ノゴマ	
		コルリ	
		ジョウビタキ	
		ルリビタキ	
		ノビタキ	68
		イソヒヨドリ	
		マミジロ	
		トラツグミ	
		アカハラ	
		オオアカハラ(亜種)	69
		マミチャジナイ	
		クロツグミ	
		シロハラ	
		ツグミ	
		ハチジョウツグミ(亜種)	
	ウグイス科	ウグイス	
		ヤブサメ	70
	セッカ科	セッカ	
	キクイタダキ科	キクイタダキ	
	センニュウ科	マキノセンニュウ	
	ヨシキリ科	オオヨシキリ	
		コヨシキリ	
	ムシクイ科	メボソムシクイ	
		エゾムシクイ	71
		センダイムシクイ	
	ヒタキ科	キビタキ	
		オオルリ	
		オジロビタキ(亜種ニシオジロビタキ)	
		コサメビタキ	
		サメビタキ	72
		エゾビタキ	
	シジュウカラ科	コガラ	
		ヒガラ	
		シジュウカラ	

目　名	科　名	種　名	頁
スズメ目	シジュウカラ科	ヤマガラ	72
	エナガ科	エナガ	
	ゴジュウカラ科	ゴジュウカラ	
	キバシリ科	キバシリ	73
	メジロ科	メジロ	
	ホオジロ科	ホオジロ	
		カシラダカ	
		コホオアカ	
		ホオアカ	
		ミヤマホオジロ	74
		クロジ	
		アオジ	
		コジュリン	
		オオジュリン	
		サバンナシトド	75
		シベリアジュリン	
	アトリ科	カワラヒワ	
		ベニヒワ	
		マヒワ	
		アトリ	
		ハギマシコ	76
		オオマシコ	
		イスカ	
		ベニマシコ	
		ウソ	
		コイカル	77
		イカル	
		シメ	
	スズメ科	スズメ	
		ニュウナイスズメ	
	ムクドリ科	コムクドリ	
		ムクドリ	78
		カラムクドリ	
		ホシムクドリ	
	カラス科	カケス	
		オナガ	
		カササギ	
		ホシガラス	
		コクマルガラス	
		ミヤマガラス	79
		ハシボソガラス	
		ハシブトガラス	
外来種		ドバト(カワラバト)	
		ソウシチョウ	
		ガビチョウ	
		コリンウズラ	

> ### 身近な鳥
>
> バードウォッチングを始める人にとって鳥の名前を特定するのは難しいことですが、自宅や公園等身近にいる鳥を基準に大きさや・色・鳴き声・飛び方・食べ物等を比べると比較的簡単にわかることがあります。ここではその基準になるような身近な鳥22種を紹介します。

家の周りや畑

スズメ 人家近くによくいる。ものさし鳥。お米と砂浴び大好き。(L14.5㎝)

ヒヨドリ ぼさぼさ頭に赤茶色のほっぺ。ヒーヨヒーヨと甲高い声で鳴く。(L27.5㎝)

顔中花粉まみれ

近くの公園

キジバト ペアでいることが多い。ものさし鳥。(L33㎝)

ハクセキレイ コンビニの駐車場など、開けた地面によくいる。尾を上下に振る様子に注目。(L21㎝)

サイドミラーに映った自分を威嚇

ジョウビタキ 電線やアンテナにもよく止まる。(L14㎝)

16

野鳥は意外と近くにいます。電線や屋根の上、公園の茂みや樹木の中や上、川や草むら、田んぼのあぜ道等よく見てみましょう。とてもたくさんの野鳥がいるのにびっくりします。
見ようとしなければ見られない、それが野鳥の世界です。

ムクドリ 大きな群れで行動する。嘴は橙色。ものさし鳥。(L24cm)

ツバメ 人家にも巣を作る。最近はサービスエリアにも。(L17cm)

モズ 「高鳴き」や「モズのはやにえ」が有名。(L20cm)

ハシブトガラス つややかな体で賢い。ものさし鳥。(L56.5cm)

カワラヒワ さえずりはキリコロ、ビーン。庭のひまわりの種を食べにくることも。(L14.5〜16cm)

シジュウカラ ツツピー、ツツピピと繰り返してさえずる。(L14.5cm)

メジロ 明るいうぐいす色の体に映える白いアイリング。(L12cm)

コゲラ 日本のキツツキ類の中では最も小さい。木の幹を自由に動きギーと濁った声で鳴く。(L15cm)

水辺

アオサギ こちらは魚に気づかれないように静止。(L95cm)

コサギ 歩きながら小魚を狙う。(L61cm)

カイツブリ 大きな足指はスクリューのような形。(L26cm)

近くの林

エナガ 小さい体に長い尾。群れを作る。(L13.5cm)

ウグイス 声はすれども姿は…。低い茂みの中を好む。(L14〜15.5cm)

ヤマガラ ニーニーという鼻にかかった声で鳴く。(L14cm)

カルガモ 全体的に茶色でくちばしの先だけ黄色。(L60.5cm)

カワセミ 水辺の杭や枝先から水中へダイビング。(L17cm)

トビ すぐれた視力を持つ。生きた動物を襲うことは少ない。(L59〜69cm)

見分ける基準、ものさし鳥

野鳥を見分けるときには、身近でよく見る鳥と比べておおまかに大きさの見当をつけます。その基準となる鳥を「ものさし鳥」といいます。

スズメ
14.5cm

ムクドリ
24cm

ハト
33cm

カラス
50〜56.5cm

サンコウチョウ

四季の野鳥 春は花

キジ （浅羽） 4月
春到来を告げる日本の国鳥

クロツグミ （かぶと塚公園） 4月
市中の公園で一休み

チュウシャクシギ　（遠州灘）　5月
砂丘は渡りの中継地

ウソ　4月
サクラの蕾が大好物

四季の野鳥 夏 ほととぎす

カワセミ（浜松フラワーパーク） 8月
大賀蓮とのツーショット

ヤマセミ 6月
緑と白のコントラストが印象的

ホトトギス （県立森林公園） 6月
昼も夜も鳴き続ける夏の鳥

アカショウビン （浜松市北部） 6月
深い緑に包まれて生息

四季の野鳥 秋は月

ノビタキ　10月
コスモス畑の主役

ベニマシコ　（天竜川中流）　11月
渡ってきたばかりの赤い鳥

ノスリ （原野谷川） 11月
残月の中で羽を休める

オシドリ （船明） 11月
紅葉に染まるダム湖にて

四季の野鳥 冬　　雪さえて冷(すず)しかりけり

ハヤブサ　（御前崎）　12月
見晴らしの良い海岸が狩り場

クマタカ　（浜松市北部）　1月
大空を悠然と飛ぶ

コハクチョウ （鶴ケ池） 1月
毎年北国の使者が訪れる

スズガモ （浜名湖） 12月
響き渡る力強い鈴の音

遠江の鳥選定について

45周年記念行事として遠江のシンボルとなるような「遠江の鳥」を会員の皆さんから候補を募集し「遠江の鳥選定委員会」で遠江地方の特徴を表す鳥として4種類を選定しました。

アオバト
汽水湖の浜名湖は湖としては日本最大の集団海水飲み場

サンコウチョウ
遠江全域の里山に生息する人気の夏鳥

ミサゴ
遠江の河口、大きな湖沼には殆どいる。遠江の豊かな水辺を代表する野鳥

スズガモ
浜名湖に集団で渡来する冬鳥。大群で飛翔する姿は圧巻

アオバト群れ（6月　浜名湖・村櫛海岸）

水辺の鳥

アビ　L63cm　冬

冬羽（2月　御前崎）
漁港などに冬鳥として渡来するがまれ

シロエリオオハム　L65cm　冬

冬羽（1月　御前崎）
冬漁港をチェックすると見られるかも

水辺

オオハム　L72cm　冬

夏羽（2月　御前崎）
脇腹後方が白い。漁港等に入るがまれ

アカエリカイツブリ　L47cm　冬

冬羽（2月　御前崎）
漁港などに冬鳥として渡来するがまれ

カンムリカイツブリ　L56cm　冬

冬羽（2月　庄内湾）

夏羽（3月　新居港）

湖・河川・漁港などに冬鳥として渡来する。美しい夏羽は是非見てみたい

ハジロカイツブリ　L31cm　冬

冬羽（12月　御前崎）

夏羽（4月　猪鼻湖）

👍 湖・河川・漁港などに冬鳥として群れで渡来する。夏羽は美しい

カイツブリ　L26cm　年中

夏羽（6月　鶴ケ池）

冬羽（12月　鶴ケ池）

👍 池や湖沼で繁殖する。繁殖期の子育ては見ていて飽きない。潜って小魚等を食べる様も面白い

雛を背中に（7月　袋井市）

雛への給餌（7月 浜名湖ガーデンパーク）

ミミカイツブリ　L33cm　冬

冬羽（12月　磐田大池）
湖・河口・内湾などに冬鳥として渡来

ヒメウ　L73cm　冬

（1月）
冬鳥として海岸に渡来するが少ない

カワウ　L82cm　(年中)

（7月　袋井市）　　　日光浴（9月　御前崎）
👍 湖・河川・漁港などで魚等を採餌する。樹上で繁殖。日光浴はユーモラス

ウミウ　L84cm　(年中)

（2月）
カワウとの判別は難しいが背が緑っぽい

コブハクチョウ　L147cm　(年中)

（10月）
籠抜けで繁殖した個体が殆んど

水辺

オオハクチョウ　L140cm　(冬)

（10月）
まれに冬鳥として渡来するが多くない

コハクチョウ　L132cm　(冬)

（12月　袋井市）
👍 冬の湖沼や川を探してみよう

コクガン　L61cm　(冬)

（2月　御前崎市）
冬、漁港や海辺に渡来するがまれ

マガン　L72cm　(冬)

（11月　磐田市）
冬、湖沼や田畑に渡来するが少ない

水辺

ヒシクイ　L78〜100cm　(冬)

（10月）
冬場渡来するがまれ

ツクシガモ　L62.5cm　(冬)

♂（12月）
冬、海岸や湖沼などに渡来するがまれ

マガモ　L59cm　(冬)

♂（1月　県立森林公園）

♀（1月　県立森林公園）

冬鳥として河口や湾内・湖沼などに渡来。数も多い。羽ばたきポーズが美しい

カルガモ　L60.5cm　(年中)

（5月　佐鳴湖）

ヒナ（6月　浜松市新橋）

カモとしては唯一の留鳥。数も多い。繁殖時期の子連れは可愛いらしい

ハシビロガモ　L50cm　(冬)

♂（2月　舘山寺）

♀（2月　小笠山総合運動公園）

冬鳥として渡来。嘴の太さは必見

32

コガモ　L37.5cm 冬

♂（3月　袋井市・高南）　　　♀（10月　原野谷川）

冬鳥として河口や湾内・湖沼などに渡来する。数も多い

亜種 アメリカコガモ　L37.5cm 冬

♂（1月　庄内湖）コガモの亜種
静止姿勢で胸横に白い縦線が見える

シマアジ　L38cm 春秋

♂（3月　庄内湖）
春秋に湖沼・河川等で見られるが少ない

水辺

トモエガモ　L40cm 冬

♂（1月　桶ヶ谷沼）　　　♀（1月　桶ヶ谷沼）

♂の三色の顔は印象的。数は多くない。♀は地味

ヨシガモ　L48cm 冬

♂（2月　浜名湖ガーデンパーク）　　　♀（1月　浜北区）

♂の緑色を含む頭部（ナポレオンの帽子）やおしりは美しい。冬鳥として渡来

33

オシドリ　L45cm　冬

♂（11月）

♀♂（2月　袋井市）

👍 湖・河川・ダム湖などに冬鳥として渡来。冬羽♂は特にカラフルで美しい。群れで生活し数百羽になることも。繁殖例もあり夏に見られることがある。仲の良い夫婦のたとえとして用いられるが、毎年パートナーを替えることも

♂飛翔（11月　船明）

子連れの♀（6月　天竜川）

オカヨシガモ　L50cm　冬

♂（12月　古人見）

♀（1月　浜名湖ガーデンパーク）

👍 ♂はお尻が黒い。冬鳥として渡来。地味なカモとして有名

オナガガモ　L♂75cm、♀53cm　冬

♂（11月）

♀（11月　鶴ケ池）

👍 冬鳥として渡来。♂♀とも尾がピンと斜めに目立つ。英名はPintail

ヒドリガモ　　L48.5cm　　冬

♂（12月　都田川）

♀（2月　原野谷川）

中型のカモ。陸に上がって草等を食べていることも多い。♂の頭頂は黄白色

アメリカヒドリ　L48cm　冬

♂（12月　伊目）

ヒドリガモに混じっていることが多いが少数

アカハシハジロ　L55cm　冬 迷

♂（12月　大人見）

嘴が赤い。まれな冬鳥で単独が多い

水辺

ホシハジロ　　L45.5cm　　冬

♂（12月　伊目）

♀（11月　細江湖）

♂の頭部と首は赤褐色で大きい。冬に飛来し水草等を食べる

ホオジロガモ　L45cm　　冬

♂（12月　大人見）

♀（12月　古人見）

♂の頬には大きな白斑がある。集団で一斉に潜って採餌するシーンは面白い

キンクロハジロ　L43.5cm　(冬)

♂（3月　小笠山総合運動公園）　　♀（11月　庄内湖）

👍 冬鳥として湖沼・港湾・河口などに飛来。冠羽はユーモラスでおしゃれ

クビワキンクロ　L41.5cm　(冬)

（2月）

♂は嘴の付け根が白い。まれな冬鳥

コスズガモ　L42cm　(冬)

（2月　浜名湖）

後頭部が高いのが特徴。まれな冬鳥

スズガモ　L46.5cm　(冬)

♂（1月　女河浦）　　♀（1月　女河浦）

👍 冬季には浜名湖をはじめ周辺の湾内、港などに大群で飛来する。時には数千の群れが一斉に湖面から飛び立つ姿が見られ、それは壮観だ！
風上に向かってなのか同じ方向を向く

群れ（12月　伊目）

群れ飛翔（2月　浜名湖入手）

シノリガモ　L43cm　🄫冬

♂（1月）
冬鳥として岩の多い海岸に渡来する

コオリガモ　L♂60cm、♀38cm　🄫冬

♂1年目冬羽（12月　三ヶ日町）
まれな冬鳥。写真の鳥は尾が短いもの

クロガモ　L48cm　🄫冬

♂（2月）
♂の上嘴の膨らみは橙黄色。冬鳥

ビロードキンクロ　L55cm　🄫迷

♂成鳥（10月）
嘴は赤橙と黄色と黒。極めてまれな冬鳥

水辺

コウライアイサ　L57cm　🄫迷

♂（12月）
👍 極めてまれな冬鳥。一度は見たい

ウミアイサ　L55cm　🄫冬

♂（2月　御前崎）
👍 ボサボサ冠羽が特徴。浜名湖にも

カワアイサ　L65cm　🄫冬

♂（3月　細江湖）

♀（11月　細江湖）

👍 冬季、浜名湖や河川でよく見る大型アイサ類。鍵型の嘴先端が特徴

37

水辺

ミコアイサ　L42cm　冬

♂（12月　天竜川河口）　♀（2月　佐鳴湖）
♂の目の周りが黒く、愛称パンダガモ。佐鳴湖のマスコット

オオミズナギドリ　L48cm　年中

（10月　御前崎）
海上に群れで飛んでいることが多い

ハシボソミズナギドリ　L42cm　春 夏

（9月　御前崎）
夏の終わりに漁港等で見れることもある

コグンカンドリ　L70〜80cm　迷

若鳥（5月　福田）
まれに海岸や湖沼・河口等に飛来する

オオセグロカモメ　L61.5cm　冬

（1月　天竜川河口）
セグロカモメに似るが、背の色が濃い

セグロカモメ　L61cm　冬

（3月　新居港）
冬場海辺等に多い。足はピンク

ウミネコ　L45cm　年中 冬

（1月　御前崎）
猫の様な鳴声。尾のバンドが特徴

ワシカモメ　L64cm　冬

幼鳥（3月　地頭方漁港）
冬鳥として渡来するが多くない

シロカモメ　L62～70cm　冬

（12月）
冬場、まれに漁港等で見られる

カモメ　L42cm　冬

（12月　三ヶ日町）
嘴と足は黄色、羽先端は黒く白斑がある

ズグロカモメ　L31.5cm　冬

夏羽（3月）
頭は夏羽は黒、冬羽は白で黒斑あり

水辺

ユリカモメ　L41cm　冬

冬羽（10月　御前崎）
群れで湖や漁港・河川等で見られる

ミツユビカモメ　L41cm　冬

冬羽（1月　御前崎）
ユリカモメ大で足は黒く成鳥の嘴は黄色

ハジロクロハラアジサシ　L25cm　春秋

夏羽（6月　袋井市）
まれに海に近い湿地・水田等に渡来

クロハラアジサシ　L26cm　春秋

夏羽（7月　磐田大池）
夏羽の腹は黒いが冬羽は白い

水辺

オニアジサシ　L52.5㎝　(迷)

（1月）
まれに干潟等に渡来。大型で嘴は赤い

ハシブトアジサシ　L37.5㎝　(迷)

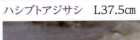

（6月）
嘴は太く黒い。足は比較的長く黒い

アジサシ　L35.5㎝　(春秋)

（7月　福田）
魚を見つけるとダイビングして捕まえる

亜種アカアシアジサシ　L35.5㎝　(迷)

（10月　御前崎）アジサシの亜種
嘴の先端は黒く、嘴の付根と足は赤い

コアジサシ　L25㎝　(夏)

（4月　天竜川）

飛び込み採餌（7月　福田）

海岸の砂地や川の中洲等で繁殖。ダイビングして魚を捕るシーンは見たい

オオアジサシ　L45㎝　(春秋)

飛翔（8月）
ユリカモメより大きく、嘴は黄色。少数

ウミスズメ　L25.5㎝　(冬)

（12月　御前崎）
まれに漁港等に入る。羽ばたきも可愛い

サンカノゴイ　L70cm　冬

飛翔（1月　浜松市西区）
数少ない冬鳥。芦原に住み夜活動する

ヨシゴイ　L36.5cm　夏

（5月　佐鳴湖）
夏鳥として水田・湿地・アシ原に渡来

水辺

ゴイサギ　L57.5cm　年中

　　　成鳥（7月　細江）　　　　　　　幼鳥飛翔（8月　磐田市）
👍 夜行性で夕方から動き出すことが多い。幼鳥はホシゴイと呼ばれる

ミゾゴイ　L49cm　夏

（7月　浜松市）
夏鳥として低山で繁殖。都市公園の例も

ササゴイ　L52cm　夏

（8月）
夏鳥として少数繁殖する。鮎等を獲る

アカガシラサギ　L45cm　夏　春秋

夏羽（7月　浜松市）
まれに水田等に渡来。冬羽は地味

カラシラサギ　L65cm　春秋

（9月）
まれに干潟等に渡来。コサギに似ている

水辺

アマサギ　L50.5cm　夏

（7月　浅羽）　　　婚姻色（5月　遠州灘海浜公園）

👍 水田や河川等に飛来。繁殖期の亜麻色の羽は美しい。婚姻色は目先等が赤

コサギ　L61cm　年中

（3月　佐鳴湖）

最も小型の白サギ。足の先が黄色

チュウサギ　L68.5cm　夏

（5月　浅羽）

夏鳥として渡来繁殖。この地では多い

ダイサギ　L80～104cm　年中

（9月　磐田大池）　　　亜種（チュウ）ダイサギ（5月）

白いサギの中では最も大きい。夏には少し小さい（チュウ）ダイサギが飛来する

クロサギ　L62.5cm　年中（繁殖期以外）

（8月　御前崎）　　　飛翔（9月　御前崎）

👍 磯でじっと待って魚を獲るシーンは見てみたい

アオサギ　L95cm　年中

（11月　佐鳴湖）　　　（3月　庄内湖）
👍 日本で繁殖する最大のサギ。時々飛びながら大きな声で鳴く

ヘラサギ　L86cm　冬迷

（12月）
まれに冬浅い湖沼や水田等に渡来する

クロツラヘラサギ　L73.5cm　冬迷

（12月）
ヘラサギに似るが目先迄が黒い。まれ

コウノトリ　L112cm　迷

（3月　天竜川）　　　足輪なし（11月　細江湖）
👍 まれに飛来し数日休憩することがある。飛翔姿は美しい

ナベヅル　L96.5cm　冬迷

（11月　磐田市）
まれに田畑等に渡来する。前頭が赤い

カナダヅル　L95cm　冬迷

（2月　掛川市）
極まれに田畑等に渡来する。額が赤い

水辺

43

マナヅル　L127cm　冬 迷

（12月　竜洋）
冬、渡来するがまれ。目の回りが赤い

オオバン　L39cm　年中

（1月　原野谷川）
額板は白っぽく嘴は薄いピンク

バン　L32.5cm　年中

（6月　小笠山総合運動公園）

幼鳥（5月　磐田大池）

額と嘴が赤く頭を前後に振るのが特徴。幼鳥の額は赤くない

クイナ　L29cm　春秋 冬

（3月　上島）
水辺の草地アシ原等に多い。嘴は赤い

ヒクイナ　L22.5cm　年中

（4月　小笠沢川）
川・湿地・水田等で繁殖。雛は黒い

ミヤコドリ　L45cm　春秋 冬

（3月　菊川河口）

飛翔（11月）

春秋、冬に干潟や海岸などに飛来。数は多くない。赤い嘴は是非見てみたい

レンカク　L55cm　迷	ハジロコチドリ　L19cm　春秋 冬

(6月) 湿地・浅い池沼・水田に渡来するがまれ	冬羽（10月　御前崎） 干潟・入江等に渡来するが少数
コチドリ　L16cm　夏 年中	イカルチドリ　L20.5cm　年中

夏羽（3月　佐鳴湖） 河原・砂浜で見られ、アイリングが特徴	（11月　愛野親水公園） 川上流で繁殖、秋冬は河口・海岸にも
シロチドリ　L17.5cm　年中	メダイチドリ　L19.5cm　春秋

♂夏羽（9月　御前崎） 下面は白く胸の黒帯は繋がらない	（9月　御前崎） 海岸等の干潟・砂浜・岩礁等に飛来する
オオメダイチドリ　L21.5cm　春秋	ムナグロ　L24cm　春秋

冬羽（3月　御前崎） メダイチドリに似るが少し大きい。	夏羽（5月　浅羽） ダイゼンに似るが背は黄褐色と黒の斑

水辺

ダイゼン　L29.5cm　(春秋)(冬)

夏羽（9月）
ムナグロに似るが背は黒又は灰色の軸斑

タゲリ　L31.5cm　(冬)

（1月　福田）
👍 黒くて長い頭部の冠羽は目立つ

ケリ　L35.5cm　(年中)

成鳥（6月　袋井市）　　　雛（6月　袋井市）
👍 田畑等で繁殖しキキッ・キキッとけたたましく鳴く。子育て時は特に気が荒い

ツバメチドリ　L24.5cm　(春秋)

夏羽（6月）　　　冬羽（9月　浅羽）
👍 数は少ないがまれに訪れる。ツバメの様に飛び嘴基部が赤い夏羽は見てみたい

トウネン　L15cm　(春秋)

冬羽（9月　御前崎）
初列風切の先端が尾羽を越えない

オジロトウネン　L14.5cm　(春秋)

冬羽（11月　磐田市）
内陸を好み足は黄色、冬羽の胸は暗灰

ヒバリシギ　L14.5cm 春秋

夏羽（4月）
夏羽の頭部は茶褐色、足は黄色

ヨーロッパトウネン　L14cm 春秋

幼鳥（8月　磐田市）
足は黒く、初列風切が尾羽を越える

アメリカウズラシギ　L22cm 春秋

幼鳥（9月　袋井市）
首から胸に明瞭な縦斑。数は少ない

ウズラシギ　L21.5cm 春秋

夏羽（5月　袋井市）
👍 夏羽の頭は赤褐色で黒縦斑

水辺

キリアイ　L17cm 春秋

（9月　松島湿地）
白い頭側線と眉斑。嘴は長く下に曲がる

ミユビシギ　L20cm 春秋 冬

冬羽（11月　御前崎）
👍 後趾は無く冬は全体に白っぽい

ハマシギ　L21cm 春秋 冬

冬羽（10月　御前崎）

飛翔（11月）

👍 長く太くわずかに下に反った嘴が特徴。群れで飛ぶ姿は圧巻

47

オバシギ　L28.5cm　春秋

（8月　御前崎）　　　　　　　飛翔（2月　磐田大池）

旅鳥として干潟や内湾等に飛来。嘴は真直ぐで黒い。飛翔時の腰は白い

コオバシギ　L24.5cm　春秋

夏羽（10月　御前崎）　　　　　幼鳥（5月　御前崎）

オバシギより嘴は小さい。飛翔時翼に細く白いラインが出て、腰は淡い。数は少ない

エリマキシギ　L♂32cm、♀25cm　春秋

（8月　浅羽）　　　　　　　飛翔（9月　松島湿地）

👍水田や入江に渡来するが数は少ない。夏羽のエリマキを見れたら超ラッキー

ヘラシギ　L15cm　迷

（11月）

👍ヘラ状の嘴の先が特徴。極まれ

タカブシギ　L21.5cm　春秋

（9月　掛川市）

足は黄色で体を上下に揺らす

水辺

48

クサシギ　L24cm 春秋 冬	コアオアシシギ　L24.5cm 春秋
（9月　浅羽） 尾を上下に振る。足は黄色	（4月　磐田大池） 👉 嘴は細く真直ぐで長い。足も長い

イソシギ　L20cm 年中	ソリハシシギ　L23cm 春秋
（3月　都田川） 👉 腹の白が翼付根で背中に入り込む	（8月） 👉 嘴は長めで上に反る。足は橙黄色

水辺

キョウジョシギ　L22cm　　　　　　　　　　　　　　　　　　　春秋

（♂夏羽（8月　御前崎）　　　　　　　幼鳥（10月　御前崎）
👉 ♂夏羽は背中に橙色と黒色の斑が混ざり、京女のような艶やかさ

ツルシギ　L32.5cm 春秋	アカアシシギ　L27.5cm 春秋
（4月　磐田大池） 👉 夏は全体黒、冬は灰色。足は暗赤色	夏羽（5月　西区） 👉 足は赤く、クチバシの基部は赤い

49

水辺

アオアシシギ　L33cm　春秋　年中
（5月　浅羽）
嘴は少し上に反る。足は緑青か黄色味

キアシシギ　L25.5cm　春秋
夏羽（8月　村櫛）
足は黄、腹は白。夏羽上面は灰褐色

オグロシギ　L38.5cm　春秋
夏羽（11月　磐田大池）
嘴と足が長く夏羽は頭・胸は赤褐色

オオソリハシシギ　L41cm　春秋
（9月　御前崎）
長い嘴は上に反る大型のシギ

ダイシャクシギ　L60cm　春秋
（5月　浜名湖）
最も長い嘴は下に曲がり下腹は白い

ホウロクシギ　L61.5cm　春秋
（2月　天竜川河口）
ダイシャクシギに似るが下腹は白くない

チュウシャクシギ　L42cm　春秋
（9月　御前崎）
ダイシャクシギより小さく嘴も少し短い

コシャクシギ　L31cm　春秋
（5月）
チュウシャクシギより小さく嘴も短い。まれ

タシギ　L26cm　春秋 冬

(3月　磐田大池)
嘴は長く真直ぐ。水田や湿地に多い

チュウジシギ　L28cm　春秋

(9月　磐田市)
タシギに似るが嘴は太く短い。数少ない

アオシギ　L30cm　冬

(12月　水窪川)
タシギに似るが全体に青・灰色

ヤマシギ　L34cm　年中

(2月)
大きくて太っている。頭に黒い横斑

水辺

アカエリヒレアシシギ　L19cm　春秋

夏羽→冬羽冠羽中（9月　松島湿地）
♀夏羽襟足は赤。冬は背が灰色腹は白

タマシギ　L25cm　年中

♀（5月　袋井市）
目の白リングが特徴、♀が目立つ

セイタカシギ　L37cm　春秋 冬

(9月　磐田大池)
足は長くて淡紅色。嘴は細長い

ソリハシセイタカシギ　L43cm　春秋

(6月　浜名湖)
嘴は細くて長く上に反っている。まれ

山野の鳥

ミサゴ　　L♂58cm、♀60cm　　(年中)

（11月　細江湖）　　　　　　狩り（2月　佐鳴湖）

👍 1年中見られるが冬季が多い。ダイブしてボラ等を獲るシーンは是非見たい

オジロワシ　　L♂84cm、♀94cm　　(冬)

（12月　天竜川）　　　　　　（12月　天竜川）

👍 近年あまり顔を見せないが、その勇姿は憧れだ

オオワシ　　L♂88cm、♀102cm　　(冬)

飛翔（1月）

👍 大型のワシ、舞阪に出たこともある

イヌワシ　　L♂81cm、♀89cm　　(迷)

飛翔（7月）

深い山地に留鳥の大型のワシ

山野

クマタカ　L♂72cm、♀80cm　年中

（5月　天竜区）　　　　　飛翔（3月　天竜区）
遠江地方では繁殖しており森林部に多い。悠然と飛ぶ姿は見てみたい

ハチクマ　L♂57cm、♀61cm　春秋　夏

♂（7月　袋井市）　　　　飛翔（8月　袋井市）
夏鳥として飛来し低山の林で繁殖。ピーエーと鳴く。頭部は他のタカより長い

トビ　L♂59cm、♀69cm　年中

山野

（5月　袋井市）　　　　　飛翔（5月　袋井市）
身近な猛禽で見つけ易い。飛翔時の尾は三味線のバチ形

サシバ　L♂47cm、♀51cm　春秋　夏

（6月　三倉）　　　　　♂飛翔（10月　二三月峠）
夏鳥として林や森で繁殖する。秋の渡りのタカ柱は是非見てみたい

ノスリ　　L♂52cm、♀57cm　　年中

（12月　福田）

（3月　細江湖）

冬季は特に田畑や河川敷等で普通に見られる。翼下面左右の黒い斑が目印

ケアシノスリ　L♂56cm、♀59cm　冬

（1月）

ノスリに似るが全体に白っぽい。少数

チュウヒ　L♂48cm、♀58cm　冬

♂（3月　原野谷川）

V字飛翔する。冬鳥

ハイイロチュウヒ　L♂45cm、♀51cm　冬

♂（12月）

♀（1月）

河川のアシ原や農耕地等で活動。腰上部が白い

オオタカ　L♂50cm、♀57cm　年中

（8月　大草山）　　　　　　　　　（12月　細江湖）

カモやサギ、アオバト等を襲うシーンは迫力がある

アカハラダカ　L♂30cm、♀33cm　春秋

(9月　滝沢)
数少ない旅鳥で胸は薄橙色

ハイタカ　L♂32cm、♀39cm　年中

(11月　磐田大池)
♂はハト大で小型。翼指6枚で光彩は黄

ツミ　L♂27cm、♀30cm　春秋 夏

(6月)

(9月　二三月峠)

ハイタカに似るが少し小さい。黄色いアイリングがある。翼指は5枚

ハヤブサ　L♂41cm、♀49cm　年中

(1月　浅羽)

飛翔 (10月)

飛んでいる鳥を急降下で捕獲するシーンは是非見てみたい。精悍な顔つき

幼鳥 (1月　太田川)

アオバトを採餌 (8月　浜名湖)

山野

チゴハヤブサ　L34cm〜35cm　㊨春秋

（7月）

（9月）

顔はハヤブサっぽいが小さくハト大。下腹から下尾筒は赤茶色

コチョウゲンボウ　L♂29cm、♀33cm　㊝冬

♀（3月　天竜川）

♂（3月　袋井市）

チョウゲンボウより小さく尾も短い。河原や農耕地・草地にとまっていることが多い

チョウゲンボウ　L♂33cm、♀39cm　㊝年中

♀（1月　浅羽）

♂（1月　袋井市）

👉 飛翔時尾が長く見え黒い帯がある。冬にはよく農耕地・河岸等で見られる

トラフズク　L35〜40cm　㊝迷

（1月　磐田市）

極めてまれな冬鳥。夕方から活動する

コミミズク　L35〜41cm　㊝冬

（2月）

👉 水田・草地等で夕方から活動する

山野

フクロウ　　L48~52cm　　㊣年中

　　　　（5月　浜北区）　　　　　　　　　雛（5月　浜北区）

👉 神社等の大きな木の穴等で繁殖する。いつまでも身近な鳥でいて欲しい

コノハズク　　L18~21cm　　㊣夏

　　　　（7月）　　　　　　　　　赤色型（7月）

👉 良く茂った林に夏鳥として渡来。ブッポッキョー（仏法僧）と夜鳴く

アオバズク　　L27~30.5cm　　㊣夏

　　　　（6月　浜北区）　　　　　　　　　雛（7月　浜北区）

👉 神社等の古い大木の穴で繁殖する夏鳥。エンジェルポーズは見てみたい

ライチョウ　　L37cm　　㊣年中

　　♂（5月）　　　　　　　　　　♀（11月）

👉 高山のハイマツ帯で見られる。冬は♂♀とも全身が白い。あまり人を恐れない

山野

ウズラ　L20cm　年中

♂（4月　袋井市）
丸い太った体つきで尾は短い。数少ない

ヤマドリ　L♂125cm、♀52.5cm　年中

♂（8月　浜松市北区）
尾の長い♂は是非遭遇してみたい

コジュケイ　L27cm　年中

♂（4月　森町）

親子連れ（7月　森町）

チョットコイチョットコイと鳴く。中々姿を見せないが見られたら幸運。移入種

キジ　L♂80cm、♀60cm　年中

♂（1月　掛川市）

♀（6月　掛川市）

日本の国鳥、数も多い。♂の尾は長く立派、ほろ打ちを見てみたい。♀は地味

キジバト　L33cm　年中

（12月　原野谷川）
襟の鱗状斑が特徴。デデポッポーと鳴く

ベニバト　L22.5cm　迷

（8月　細江）
後頚に黒い線がある。キジバトより小さい

山野

58

アオバト　L33cm　㊇年中

♂（8月　浜名湖）　　　　　♂海水を飲む（8月　浜名湖）

👍 夏の浜名湖の風物詩。海水を飲みに海岸に集団でやってくる。それを狙ったハヤブサやオオタカ等とのせめぎ合いは見物。♂の羽は赤い葡萄色。アオーと鳴く

♀（9月）　　　　　　海水を飲みに降りる（7月　浜名湖）

カッコウ　L35cm　㊇春秋 ㊇夏

山野

（5月）　　　　　　　　（5月）

👍 夏鳥で胸の横縞はツツドリより細かい。尾は長めで♂はカッコウと鳴く。託卵性

ツツドリ　L32.5cm　㊇春秋 ㊇夏

（9月　つつじ公園）　　　　赤色型（9月　飯田公園）

👍 秋に桜の木の毛虫を食べにやってくる。ポポッポポッと鼓を打つような鳴き声

59

アカショウビン　L27.5cm　夏

（5月　森町）

採餌（8月）

👍 夏に日本に渡来し繁殖する。カニ・カエル・昆虫等が主食。会えると嬉しい

カワセミ　L17cm　年中

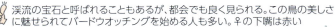
♂（12月　磐田市）　　　　　　♀（10月　佐鳴湖）

👍 渓流の宝石と呼ばれることもあるが、都会でも良く見られる。この鳥の美しさに魅せられてバードウォッチングを始める人も多い。♀の下嘴は赤い

♀飛翔（1月　佐鳴湖）

♀採餌（9月　佐鳴湖）

山野

ブッポウソウ　L29.5cm　夏

（6月）

👍 一度は見てみたい数少ない夏鳥

ヤツガシラ　L26cm　春秋

（9月　袋井市）

👍 大きな冠羽と嘴が特徴。数は少ない

アオゲラ　　L29㎝　　　年中

♂（1月　県立森林公園）

♀（4月　蕎麦粒山）

👍 日本にだけ棲息するキツツキ。繁殖期にピョーピョーと口笛に似た声で鳴く

コゲラ　　L15㎝　　　年中

♂（2月　小笠山総合運動公園）

幼鳥（9月　飯田公園）

👍 珍しくない鳥だが、雄の側頭の赤羽を見られたらラッキー

アカゲラ　　L23.5㎝　　　年中

♂（8月　蕎麦粒山）

♀（1月　県立森林公園）

👍 下腹と下尾筒が赤い。背に逆八の字の大きな白斑。ケレケレと鳴く

オオアカゲラ　　L28㎝　　年中

♂（9月　蕎麦粒山）

アカゲラより大きく背の逆八白斑は無い

アリスイ　　L17.5㎝　　春秋　冬

（3月　飯田公園）

👍 長い舌で朽木や土の蟻等を食べる

山野

サンコウチョウ　L♂44.5cm、♀17.5cm　夏

♂さえずり（7月　袋井市）

♀尾は短い（5月　浜松市北区）

嘴と目の縁のコバルトブルーが何とも愛らしい。子育てシーンも面白い。夏鳥として渡来し林の中で繁殖する。ツキ・ヒ・ホシ(月日星)・ホイホイホイと鳴く。静岡県の県鳥

尾が短い♂もいる（6月　袋井市）

♂親の幼鳥への給餌（7月　袋井市）

ヤイロチョウ　L18cm　夏

（7月）

あこがれの美しく数少ない夏鳥

コウライウグイス　L26cm　迷

幼鳥・採餌（11月　かぶと塚公園）

黄色い体の迷鳥

山野

ヒバリ　L17cm　年中

（9月　浅羽）

上空で長々と囀る。冠羽を立てる

さえずり飛翔（6月　松袋井）

イワツバメ　L13cm 夏

飛翔（5月　小笠山総合運動公園）

巣作り（5月　船明）

👍 ツバメより小さく腰と下面が白い。ヒメアマツバメは下面が黒い

ショウドウツバメ　L12.5cm 夏

（8月）

ツバメより小さく尾の切れ込みは浅い

コシアカツバメ　L18.5cm 夏

（8月　掛川市）

👍 ツバメより大きく尾も長く腰は赤い

ツバメ　L17cm 夏

さえずり（5月　森町）

飛翔（4月　天竜川）

👍 良く見ると翼が青みがかっている。家屋等で2〜3回子育てをした後8月、日没時にどこからともなく一万羽以上が現れて一斉に葦原へ舞い降りる塒入りは圧巻

巣立ちヒナへの給餌（6月　奥山）

子育て給餌（6月　浜北区）

山野

キセキレイ　L20cm 年中	ハクセキレイ　L21cm 年中
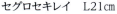 （9月　飯田公園）水辺に多く腹は黄色	（2月　浜名湖ガーデンパーク）全体に白っぽく過眼線は細い黒
セグロセキレイ　L21cm 年中	ビンズイ　L15.5cm 冬
 （2月　鳥羽山公園）👍白い眉斑が特徴	 （4月　飯田公園）冬は平地でも多い。眉斑の後下に白斑
タヒバリ　L16cm 冬	サンショウクイ　L20cm 夏
 （12月）腹は白っぽく黒縦斑。尾を上下に振る	 ♂（4月　飯田公園）👍ピリリピリリと鳴く。♂の頭は黒、♀は灰
ヒヨドリ　L27.5cm	年中

（3月　浜名湖ガーデンパーク）　　ヒヨドリの渡り（10月）
👍秋、数百〜数千羽の群れが海を渡る様子は壮観。花の蜜が大好き

山野

モズ　L20㎝　年中

♂（10月　都田）　　　　　　♀高鳴き（10月　原野谷川）
他の鳥の鳴き声を上手に真似る。漢字で百舌と書く

ヒレンジャク　L17.5㎝　春 冬

（2月　浜松市北区）
歌舞伎役者並みの冠羽で尾は赤い

キレンジャク　L19.5㎝　春 冬

（3月　浜松市浜北区）
ヒレンジャクより若干大きく尾が黄色

カワガラス　L22㎝　年中

（10月　水窪）
渓流等に住み潜って虫を獲る

ミソサザイ　L10.5㎝　年中

さえずり（5月）
山地の湿った所で繁殖。大声で鳴く

イワヒバリ　L18㎝　年中

（12月）
山の岩石地帯で繁殖。大きな美声で鳴く

カヤクグリ　L14㎝　年中 冬

（1月　秋葉神社）
腹・胸は濃灰色。背は焦げ茶の縦斑

山野

コマドリ　L14cm　夏

♂さえずり (4月 佐鳴湖)　　　　　♀ (5月)
胸を張った姿は格好いい。高い山の藪にいる。渡りの時期は公園で見ることも

ノゴマ　L15.5cm　迷

♂ (11月)
♂の喉は赤く♀は白い。まれな迷鳥

コルリ　L14cm　夏

♂ (4月 蕎麦粒山)
鳴声はコマドリに似るが前奏が入る

ジョウビタキ　L14cm　冬

♂ (11月 太田川ダム湖)　　　♀ (1月 小笠山総合運動公園)
10月中旬〜3月下旬頃見られる。庭先に来てお辞儀する姿はかわいい

ルリビタキ　L14cm　冬

♂ (1月 県立森林公園)　　　　♀ (1月 県立森林公園)
ジョウビタキより藪の茂った場所が好き。青いオスが見られたらラッキー

山野

ノビタキ　L13cm

♂夏羽（6月）　　　　　　　冬羽（10月　浜松市南区）
👉人をあまり怖がらない。秋の渡りの時期が見やすい

イソヒヨドリ　L25.5cm

♂（1月　天竜川）　　　　　♀（9月　地頭方）
👉最近は高いビルやマンションの建つ駅周辺でもよく見かける。声も姿もきれい

マミジロ　L23.5cm （夏）　　トラツグミ　L29.5〜30cm （冬）

♂（4月　飯田公園）　　　　（3月　かぶと塚公園）
👉♂は全身黒で白い眉斑。山地に渡来　👉冬の終わり頃市街地の公園にも来る

アカハラ　L23.5cm

♂（4月　滝沢町）　　　　　♀（4月　飯田公園）
👉お腹は赤い、♀は喉に白い縦斑がある。さえずりはキョロンキョロンツリィー

亜種 オオアカハラ　L24cm　冬

(2月　湖西市) アカハラの亜種
顔部分の黒が強くはっきりしている

マミチャジナイ　L21.5cm　春秋

♀採餌 (11月　県立森林公園)
アカハラより少し小さく頭は灰青色

クロツグミ　L21.5cm　夏

♂ (6月　気賀)　　　　♀採餌 (5月　森町)
👉 オスの黄色いくちばしは目立つ。いろいろな節回しのさえずりも楽しみ

シロハラ　L24cm　冬

♂ (2月　桶ヶ谷沼)
冬鳥。地上で採餌する。腹中央は白い

ツグミ　L24cm　冬

(3月　かぶと塚公園)
胸と腹に黒っぽい斑、眉斑は白。冬鳥

山野

亜種 ハチジョウツグミ　L24cm　冬

(2月) ツグミの亜種
腹・胸など赤茶色の斑が目立つ

ウグイス　L♂15.5cm、♀14cm　年中

(3月　小笠沢川)
👉 法華経と鳴く。地鳴きはジャッジャッ

ヤブサメ　L10.5cm　(夏)
(8月　袋井市)
シシシシという声が聞こえたら耳はOK

セッカ　L12.5cm　(年中)
(4月　天竜川河口)
飛びながらヒッヒッ、チャッチャッと鳴く

キクイタダキ　L10cm　(年中)
(8月)
日本最小鳥の一つ。頭の菊が特徴

マキノセンニュウ　L12cm　(迷)
(6月)
体はオリーブ茶色。頭胸背脇に黒縦斑

オオヨシキリ　L18.5cm　(夏)
(5月　佐鳴湖)　　飛翔（5月　佐鳴湖）
アシ原や近くの梢で大きな声でギョギョシギョシギョシと鳴く。初夏の風物詩

コヨシキリ　L13.5cm　(夏)
さえずり（7月）
白い眉斑の上に黒い線がある。夏鳥

メボソムシクイ　L13cm　(夏)
(8月)
ジュリジュリとさえずる。大きな白い眉斑

エゾムシクイ　L11.5cm　(夏)

(9月)
頭は灰色味が強い。ピッピッと強く鳴く

センダイムシクイ　L12.5cm　(夏)

(4月　蕎麦粒山)
焼酎一杯グィーと鳴く。濁白色の頭央線

キビタキ　L13.5cm　(夏)

♂ (4月　つつじ公園)　　　　♀ (9月　飯田公園)
👍 新緑の森の中で弾むように歌う。渡りの時期は市街地の公園でも見られる

オオルリ　L16.5cm　(夏)

♂さえずり (4月　森林公園)　　　　♀ (5月　蕎麦粒山)
👍 新緑の渓流沿いで歌う美声が聞こえたら、高い梢を探してみよう。♀は地味

(ニシ)オジロビタキ　L11.5cm　(迷)

♂ (2月)
👍 写真は亜種ニシオジロビタキ

コサメビタキ　L13cm　(春秋)(夏)

(10月　飯田公園)
胸に不明瞭な縦斑がある

山野

キバシリ　L13.5cm　(年中)

採餌（4月　秋葉神社）
木の幹に縦にとまり螺旋状に動く

メジロ　L12cm　(年中)

（2月　浜名湖ガーデンパーク）
春は椿の蜜、秋は熟した柿も食べる

ホオジロ　L16.5cm　(年中)

♂（3月　小笠山総合運動公園）

♀（11月　掛川市）

一筆啓上つかまつり候と電線や梢でさえずる。♀の色は全体に薄い

カシラダカ　L15cm　(冬)

（12月　袋井市）
短い冠羽を立てることが多い。冬鳥

コホオアカ　L12.5cm　(春秋)

（4月　浅羽）
頭央線や頬は赤栗色

山野

ホオアカ　L16cm　(春)(冬)

♂（5月）
頭央線はなく頬は赤栗色

（4月　浅羽）

ミヤマホオジロ　L15.5cm　冬

♂（1月　県立森林公園）

♀（2月　小笠山総合運動公園）

逆立てた頭と、雄の鮮やかなレモンイエローの羽が特徴。♀は地味

クロジ　L17cm　冬

♂（11月　県立森林公園）

♀（2月　県立森林公園）

♂は全体が暗青灰色、お腹は少し薄い。嘴と足は肉褐色で目立つ。冬に多い

アオジ　L16cm　冬

♂（2月　つつじ公園）

♂は目先から嘴が黒。頭と頬が緑灰

コジュリン　L14.5cm　冬

（12月　浅羽）

背の黒く太い縦斑は目立つ

オオジュリン　L16cm　春 冬

♂（3月　細江湖）

♀（4月　磐田大池）

冬の枯れた芦原で周囲と一体化している地味だがカワイイ小鳥

山野

74

サバンナシトド　L14cm　迷

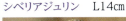

　黄眉タイプ（4月　袋井市）　　　　　　白眉タイプ（4月　袋井市）
荒れた冬の草地に見られるが極まれ。黄眉タイプと白眉タイプがいる

シベリアジュリン　L14cm　迷

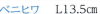

♀（2月　浅羽）
全体に淡く特にお腹・胸は白い。まれ

カワラヒワ　L14.5〜16cm　年中

（3月　天竜川）
飛ぶと羽に黄帯が出て美しい

ベニヒワ　L13.5cm　冬

♂（2月）　　　　　　　　　　♀（2月）
頭の赤や♂の胸のピンクはおしゃれ。一度は見てみたいが当地方ではまれ

マヒワ　L12.5cm　冬

♂（12月　県立森林公園）
♂の頭上は黒く、頭・腹は黄色。小さい

アトリ　L16cm　冬

♂冬羽（11月　県立森林公園）
数百羽単位で見られることもある

山野

コイカル　L18.5cm　(冬)

♂（2月）
イカルより小さく嘴と脇の橙が目立つ

イカル　L23cm　(年中)

（3月　小笠沢川）
お菊二十四と鳴く。黄の嘴が目立つ

シメ　L18cm　(冬)

♂冬羽（2月　つつじ公園）
太い嘴で太っている

スズメ　L14.5cm　(年中)

採餌（12月）
頬の大きな黒斑が目印。最も身近

ニュウナイスズメ　L14cm　(春)(冬)

♂（3月　浅羽）　　　　　　♀（4月　浅羽）
一見スズメ。よく見ると♂の頭は赤栗色で頬の黒斑は無く桜の花弁が大好物

コムクドリ　L19cm　(春秋)

♂（4月　天竜川中流）　　　　♀（4月　飯田公園）
♂はお化粧をしたような白い顔につぶらな瞳。♀は少し地味

山野

山野

ムクドリ　L24cm　年中
(5月　佐鳴湖)
都市の木に塒を造ることもある

カラムクドリ　L19cm　冬
♂(2月)
ムクドリの群れに混じることもあるがまれ

ホシムクドリ　L21cm　冬
(11月　浅羽)
ムクドリによく混じっている

カケス　L33cm　年中
(11月　県立森林公園)
頭ぼさぼさで翼の青と白が目立つ

オナガ　L36cm　年中
♂(6月)
県東部では観察されるが西部ではまれ

カササギ　L45cm　迷
♀(10月　御前崎)
尾が長く、腹と肩羽等は白く他は紺黒

ホシガラス　L34.5cm　年中
(8月)
高地の山間い等で松の実等を食べる

コクマルガラス　L33cm　冬
(3月　浅羽)
他のカラスに混じる。暗色型もいる

ミヤマガラス　L47㎝　冬	ハシボソガラス　L50㎝　年中
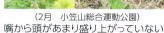 （12月） 他のカラスに混じる。嘴の基部が灰色	（2月　小笠山総合運動公園） 嘴から頭があまり盛り上がっていない

ハシブトガラス　L56.5㎝　年中	
 （10月　二三月峠） 嘴と頭が太く見える	 外来種

ドバト(カワラバト)　L33㎝　年中	ソウシチョウ　L15㎝　年中
 （3月　かぶと塚公園） 公園や駅にも多い	 （7月　蕎麦粒山） 最近至る所で見られる

ガビチョウ　L25㎝　年中	コリンウズラ　L20〜25㎝　年中
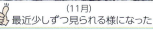 （11月） 最近少しずつ見られる様になった	  （3月　天竜川中流） 河原等で狩猟用に放なされる移入種

山野

各観察地で見られる鳥リスト

【出 展】
日本野鳥の会遠江探鳥会記録
日本野鳥の会遠江モニタリング調査記録
環境省ガンカモ調査記録
遠江の鳥バードウォッチングガイド
　　　　　静岡県西部の身近な探鳥地
会員の観察・撮影記録
静岡県の鳥類第二版等

- 観察エリアの地図はP6、7を参照下さい。
- BWGI No.とは『遠江の鳥バードウォッチングガイド静岡県西部の身近な探鳥地』（BWGI）に記載の探鳥地番号です。
- 紫色は外来種（種数に含む）

浜松城公園　36種　BWGI No.1

カルガモ、カイツブリ、キジバト、ミゾゴイ、アオサギ、トビ、カワセミ、コゲラ、サンコウチョウ、モズ、ハシボソガラス、ハシブトガラス、シジュウカラ、ツバメ、ヒヨドリ、ウグイス、エゾムシクイ、センダイムシクイ、メジロ、ムクドリ、シロハラ、アカハラ、ツグミ、ジョウビタキ、イソヒヨドリ、コサメビタキ、キビタキ、オオルリ、スズメ、キセキレイ、ハクセキレイ、カワラヒワ、シメ、ホオジロ、アオジ、ドバト（カワラバト）

 会員お勧め情報

　徳川家康が築いた出世城で有名な当地は、街中にあるが年中身近な野鳥を観察することができる。シジュウカラやコゲラはよく見られ、園内に流れる川や池にはカワセミも見られる。冬にはジョウビタキやツグミなどが飛来し、春秋の渡りのシーズンにはキビタキ等の夏鳥も立ち寄ることがある。初夏にはカルガモの繁殖が毎年見られ、親鳥について泳ぐヒナ達の姿はとても微笑ましい。写真撮影にもいいだろう。

浜松市緑化推進センター（飯田公園）　77種　BWGI No.2

キジ、カルガモ、コガモ、カイツブリ、キジバト、カワウ、ゴイサギ、アオサギ、ダイサギ、コサギ、バン、オオバン、ホトトギス、ツツドリ、カッコウ、ヒメアマツバメ、ケリ、タシギ、イソシギ、トビ、ノスリ、ヤツガシラ、カワセミ、アリスイ、コゲラ、アカゲラ、チョウゲンボウ、サンショウクイ、サンコウチョウ、モズ、ハシボソガラス、ハシブトガラス、ヤマガラ、ヒガラ、シジュウカラ、ツバメ、イワツバメ、ヒヨドリ、ウグイス、エナガ、メボソムシクイ、エゾムシクイ、センダイムシクイ、メジロ、オオヨシキリ、セッカ、ムクドリ、コムクドリ、マミジロ、マミチャジナイ、シロハラ、アカハラ、ツグミ、コマドリ、コルリ、ジョウビタキ、イソヒヨドリ、エゾビタキ、サメビタキ、コサメビタキ、キビタキ、オジロビタキ、オオルリ、スズメ、キセキレイ、ハクセキレイ、セグロセキレイ、ビンズイ、アトリ、カワラヒワ、マヒワ、シメ、イカル、ホオジロ、アオジ、コジュケイ、ドバト（カワラバト）

キビタキ　（飯田公園）

 会員お勧め情報

　小さな都市公園なので鳥を観察し易い。又緑化推進のモデル庭園で多種の樹木が良く管理されているので鳥も居心地が良いのであろう。冬にはジョウビタキ・ツグミ・シロハラ・アオジ・シメなどが滞在し、春秋にはオオルリ・キビタキ・センダイムシクイ・コサメビタキなど夏鳥が何日かずつ羽を休めていく。サンコウチョウ・アリスイも時々現れる。樹木に名札が掛けられているので、それを覚えるのも楽しい。

佐鳴湖　131種　BWGI No.3

キジ、マガン、コハクチョウ、オオハクチョウ、オシドリ、オカヨシガモ、ヨシガモ、ヒドリガモ、アメリカヒドリ、マガモ、カルガモ、ハシビロガモ、オナガガモ、シマアジ、トモエガモ、コガモ、ホシハジロ、アカハジロ、キンクロハジロ、スズガモ、ミコアイサ、カワアイサ、カイツブリ、カンムリカイツブリ、ミミカイツブリ、ハジロカイツブリ、キジバト、アオバト、カワウ、ヨシゴイ、ゴイサギ、ササゴイ、アマサギ、アオサギ、ダイサギ、コサギ、クロツラヘラサギ、クイナ、ヒクイナ、バン、オオバン、ホトトギス、ツツドリ、ヒメアマツバメ、ケリ、コチドリ、セイタカシギ、タシギ、キアシシギ、イソシギ、ユリカモメ、ウミネコ、セグロカモメ、コアジサシ、クロハラアジサシ、ハジロクロハラアジサシ、ミサゴ、トビ、チュウヒ、ハイタカ、オオタカ、ノスリ、フクロウ、カワセミ、アリスイ、コゲラ、アカゲラ、アオゲラ、チョウゲンボウ、ハヤブサ、サンショウクイ、サンコウチョウ、モズ、カケス、ハシボソガラス、ハシブトガラス、ヤマガラ、ヒガラ、シジュウカラ、ツバメ、コシアカツバメ、ヒヨドリ、ウグイス、エナガ、メボソムシクイ、エゾムシクイ、センダイムシクイ、メジロ、オオヨシキリ、セッカ、キレンジャク、ヒレンジャク、ムクドリ、コムクドリ、トラツグミ、クロツグミ、シロハラ、アカハラ、ツグミ、コマドリ、ノゴマ、ルリビタキ、ジョウビタキ、ノビタキ、イソヒヨドリ、エゾビタキ、サメビタキ、コサメビタキ、キビタキ、(ニシ)オジロビタキ、オオルリ、スズメ、キセキレイ、ハクセキレイ、セグロセキレイ、ビンズイ、アトリ、カワラヒワ、マヒワ、ベニマシコ、ウソ、シメ、イカル、ホオジロ、カシラダカ、ミヤマホオジロ、アオジ、クロジ、オオジュリン、コジュケイ、ドバト(カワラバト)

カワセミ（佐鳴湖）

ミコアイサのペア（佐鳴湖）

観察地

会員お勧め情報

　市街から車で約15分。そんな立地にあって、これほど自然に親しむことのできる場所は他にないだろう。冬になれば湖面にはミコアイサやたくさんのカモ類が飛来し、その上空からはミサゴが獲物(魚)を狙っている。春と秋は移動する鳥たちの休息地となっており、思いがけない鳥に出会うこともある。そして1年を通じてアシ原や周辺の林ではたくさんの小鳥も観察できる。中でもカワセミは大人気で、季節によっては間近にやってくることもある。

遠州灘海浜公園(石人の星公園) 85種　BWGI No.4

キジ、マガン、オカヨシガモ、ヨシガモ、ヒドリガモ、マガモ、カルガモ、ハシビロガモ、オナガガモ、コガモ、ホシハジロ、キンクロハジロ、スズガモ、カイツブリ、カンムリカイツブリ、キジバト、アオバト、カワウ、ゴイサギ、アマサギ、アオサギ、ダイサギ、チュウサギ、コサギ、バン、オオバン、ホトトギス、アマツバメ、ケリ、コチドリ、シロチドリ、セイタカシギ、クサシギ、ソリハシシギ、イソシギ、ハマシギ、ユリカモメ、セグロカモメ、コアジサシ、ミサゴ、トビ、チュウヒ、ハイタカ、ノスリ、カワセミ、アリスイ、コゲラ、アカゲラ、チョウゲンボウ、ハヤブサ、モズ、カケス、ハシボソガラス、ハシブトガラス、ヤマガラ、シジュウカラ、ヒバリ、ツバメ、コシアカツバメ、ヒヨドリ、ウグイス、エナガ、メジロ、オオヨシキリ、セッカ、ムクドリ、シロハラ、ツグミ、ジョウビタキ、コサメビタキ、キビタキ、スズメ、キセキレイ、ハクセキレイ、セグロセキレイ、ビンズイ、タヒバリ、カワラヒワ、ベニマシコ、ウソ、シメ、アオジ、オオジュリン、コジュケイ、ドバト(カワラバト)

会員お勧め情報

浜松駅から南へ6kmのところにあり、幼児から高齢者まで楽しめる都市公園。馬込川と芳川に挟まれ、カモ・シギ・チドリや山野の鳥、猛禽類と季節に応じた鳥が楽しめる。公園入口南側にある小さなピザ屋「はま〜るcafé」の石窯焼きピザはお勧め。

県立森林公園　100種　BWGI No.5

オシドリ、オカヨシガモ、ヨシガモ、ヒドリガモ、マガモ、カルガモ、オナガガモ、トモエガモ、コガモ、ホシハジロ、カイツブリ、ハジロカイツブリ、キジバト、アオバト、カワウ、ゴイサギ、ササゴイ、アオサギ、オオバン、ホトトギス、ツツドリ、カッコウ、ハリオアマツバメ、アマツバメ、ヒメアマツバメ、ヤマシギ、ミサゴ、ハチクマ、トビ、ハイタカ、オオタカ、サシバ、ノスリ、フクロウ、アオバズク、アカショウビン、カワセミ、ブッポウソウ、コゲラ、アカゲラ、アオゲラ、サンショウクイ、サンコウチョウ、モズ、カケス、ハシボソガラス、ハシブトガラス、キクイタダキ、ヤマガラ、ヒガラ、シジュウカラ、ツバメ、イワツバメ、ヒヨドリ、ウグイス、ヤブサメ、エナガ、メボソムシクイ、エゾムシクイ、センダイムシクイ、メジロ、キレンジャク、ヒレンジャク、ゴジュウカラ、キバシリ、ミソサザイ、ムクドリ、トラツグミ、クロツグミ、マミチャジナイ、シロハラ、アカハラ、ツグミ、ルリビタキ、ジョウビタキ、エゾビタキ、コサメビタキ、キビタキ、オジロビタキ、オオルリ、スズメ、キセキレイ、ハクセキレイ、セグロセキレイ、ビンズイ、タヒバリ、アトリ、カワラヒワ、マヒワ、イスカ、ウソ、シメ、イカル、ホオジロ、カシラダカ、ミヤマホオジロ、アオジ、クロジ、コジュケイ、ソウシチョウ

亜種アカウソ　(県立森林公園)

会員お勧め情報

入りくんだ歩道伝いに園内の樹間を巡れば、通年のカラ類や夏冬の常連の鳥達に出会う。さらに、年により時期により場所によりさまざまな珍鳥も出没するので、宝探し気分で探鳥ができる。園内には宿泊・食事施設やビジターセンターもあり、園地の周囲にも自然に恵まれた環境が続くので、自然観察の楽しみは尽きることがない。

天竜川 228種　BWGI No.7,8,22 その他・河口〜佐久間ダム上流

ヤマドリ、キジ、(オオ)ヒシクイ、コハクチョウ、オシドリ、オカヨシガモ、ヨシガモ、ヒドリガモ、マガモ、カルガモ、ハシビロガモ、オナガガモ、トモエガモ、コガモ、アメリカコガモ(亜種)、ホシハジロ、キンクロハジロ、スズガモ、シノリガモ、クロガモ、ホオジロガモ、ミコアイサ、カワアイサ、ウミアイサ、コウライアイサ、カイツブリ、アカエリカイツブリ、カンムリカイツブリ、ハジロカイツブリ、キジバト、アオバト、アビ、シロエリオオハム、ハシジロアビ、オオミズナギドリ、ハシボソミズナギドリ、コウノトリ、コグンカンドリ、カワウ、ヨシゴイ、ミゾゴイ、ゴイサギ、ササゴイ、アマサギ、アオサギ、ダイサギ、チュウサギ、コサギ、カラシラサギ、クロツラヘラサギ、クイナ、ヒクイナ、バン、オオバン、ジュウイチ、ホトトギス、ツツドリ、カッコウ、ヨタカ、ハリオアマツバメ、アマツバメ、ヒメアマツバメ、タゲリ、ケリ、ムナグロ、ダイゼン、イカルチドリ、コチドリ、シロチドリ、メダイチドリ、オオメダイチドリ、セイタカシギ、ヤマシギ、タシギ、オオソリハシシギ、チュウシャクシギ、ダイシャクシギ、ツルシギ、アオアシシギ、クサシギ、キアシシギ、ソリハシシギ、イソシギ、キョウジョシギ、ミユビシギ、トウネン、サルハマシギ、ハマシギ、エリマキシギ、アカエリヒレアシシギ、ミツユビカモメ、ユリカモメ、ズグロカモメ、ウミネコ、カモメ、シロカモメ、セグロカモメ、オオセグロカモメ、ハシブトアジサシ、オニアジサシ、コアジサシ、コシジロアジサシ、ベニアジサシ、エリグロアジサシ、アジサシ、ハジロクロハラアジサシ、トウゾクカモメ、クロトウゾクカモメ、カンムリウミスズメ、ミサゴ、ハチクマ、トビ、オジロワシ、チュウヒ、ハイイロチュウヒ、ツミ、ハイタカ、オオタカ、サシバ、ノスリ、ケアシノスリ、クマタカ、フクロウ、アオバズク、コミミズク、アカショウビン、カワセミ、ヤマセミ、ブッポウソウ、アリスイ、コゲラ、オオアカゲラ、アカゲラ、アオゲラ、チョウゲンボウ、コチョウゲンボウ、チゴハヤブサ、ハヤブサ、ヤイロチョウ、サンショウクイ、サンコウチョウ、モズ、カケス、ハシボソガラス、ハシブトガラス、キクイタダキ、ツリスガラ、ヤマガラ、ヒガラ、シジュウカラ、ヒバリ、ショウドウツバメ、ツバメ、コシアカツバメ、イワツバメ、ヒヨドリ、ウグイス、ヤブサメ、エナガ、ムジセッカ、エゾムシクイ、センダイムシクイ、イイジマムシクイ、メジロ、シマセンニュウ、オオセッカ、エゾセンニュウ、オオヨシキリ、コヨシキリ、セッカ、キレンジャク、ヒレンジャク、キバシリ、ミソサザイ、ムクドリ、コムクドリ、カワガラス、マミジロ、トラツグミ、クロツグミ、マミチャジナイ、シロハラ、アカハラ、ツグミ、ハチジョウツグミ(亜種)、コマドリ、ノゴマ、ルリビタキ、ジョウビタキ、ノビタキ、イソヒヨドリ、エゾビタキ、コサメビタキ、キビタキ、オオルリ、カヤクグリ、ニュウナイスズメ、スズメ、キセキレイ、ハクセキレイ、セグロセキレイ、ビンズイ、タヒバリ、アトリ、カワラヒワ、マヒワ、ベニマシコ、アカマシコ、イスカ、ウソ、シメ、イカル、ホオジロ、ホオアカ、コホオアカ、カシラダカ、ミヤマホオジロ、アオジ、クロジ、シベリアジュリン、コジュリン、オオジュリン、コジュケイ、ドバト(カワラバト)、ソウシチョウ、ガビチョウ、コリンウズラ、カナダガン

コハクチョウと新幹線（天竜川）

観察地

会員お勧め情報

　河口より佐久間ダムの上流迄、静岡県だけでも総延長距離約100kmの一級河川。川幅も広く、水辺の鳥はもちろん山野の鳥も多い。河口にはコアジサシやカモメ類が飛び、ミコアイサ等を含むカモ類も多くコハクチョウも訪れる。又、チュウヒ等のワシタカ類も多い。中流ではコムクドリやベニマシコ等も楽しめる。上流にはオシドリやヤマセミが生息しており、希少種も見られる。全てを回るにはとても1日では足りないが、季節毎に訪れると新緑や紅葉等も楽しめる。ダムも多く水鳥もお勧め。

浜名湖　205種　　BWGI No.13,14,15,16,17 など浜名湖全域

キジ、(オオ)ヒシクイ、マガン、コクガン、コハクチョウ、オオハクチョウ、ツクシガモ、オシドリ、オカヨシガモ、ヨシガモ、ヒドリガモ、アメリカヒドリ、マガモ、カルガモ、ハシビロガモ、オナガガモ、シマアジ、トモエガモ、コガモ、アメリカコガモ(亜種)、アカハシハジロ、ホシハジロ、アカハジロ、メジロガモ、キンクロハジロ、スズガモ、コスズガモ、シノリガモ、クロガモ、コオリガモ、ホオジロガモ、ミコアイサ、カワアイサ、ウミアイサ、カイツブリ、カンムリカイツブリ、ミミカイツブリ、ハジロカイツブリ、キジバト、ベニバト、アオバト、オオハム、シロエリオオハム、オオミズナギドリ、ハシボソミズナギドリ、コウノトリ、カワウ、サンカノゴイ、ヨシゴイ、ゴイサギ、ササゴイ、アカガシラサギ、アマサギ、アオサギ、ダイサギ、チュウサギ、コサギ、クロサギ、カラシラサギ、クイナ、ヒクイナ、バン、オオバン、ホトトギス、ツツドリ、ハリオアマツバメ、アマツバメ、ヒメアマツバメ、タゲリ、ケリ、ムナグロ、ダイゼン、イカルチドリ、コチドリ、シロチドリ、メダイチドリ、ミヤコドリ、セイタカシギ、ソリハシセイタカシギ、タシギ、オオハシシギ、オグロシギ、オオソリハシシギ、チュウシャクシギ、ダイシャクシギ、ホウロクシギ、ツルシギ、アカアシシギ、アオアシシギ、クサシギ、タカブシギ、キアシシギ、ソリハシシギ、イソシギ、キョウジョシギ、オバシギ、コオバシギ、ミユビシギ、トウネン、オジロトウネン、サルハマシギ、ハマシギ、ヘラシギ、キリアイ、エリマキシギ、アカエリヒレアシシギ、タマシギ、ツバメチドリ、ミツユビカモメ、ユリカモメ、ウミネコ、カモメ、セグロカモメ、オオセグロカモメ、コアジサシ、ベニアジサシ、アジサシ、アカアシアジサシ(亜種)、クロハラアジサシ、ウミスズメ、ミサゴ、ハチクマ、トビ、オオワシ、チュウヒ、ハイイロチュウヒ、ツミ、ハイタカ、オオタカ、サシバ、ノスリ、フクロウ、アオバズク、カワセミ、アリスイ、コゲラ、アカゲラ、アオゲラ、チョウゲンボウ、コチョウゲンボウ、チゴハヤブサ、ハヤブサ、サンショウクイ、サンコウチョウ、モズ、カケス、コクマルガラス、ミヤマガラス、ハシボソガラス、ハシブトガラス、ツリスガラ、ヤマガラ、ヒガラ、シジュウカラ、ヒバリ、ショウドウツバメ、ツバメ、コシアカツバメ、イワツバメ、ヒヨドリ、ウグイス、エナガ、メボソムシクイ、センダイムシクイ、メジロ、オオヨシキリ、コヨシキリ、セッカ、ヒレンジャク、ムクドリ、コムクドリ、トラツグミ、シロハラ、アカハラ、ツグミ、ジョウビタキ、ノビタキ、イソヒヨドリ、エゾビタキ、サメビタキ、コサメビタキ、キビタキ、オオルリ、ニュウナイスズメ、スズメ、キセキレイ、ハクセキレイ、セグロセキレイ、ビンズイ、タヒバリ、アトリ、カワラヒワ、マヒワ、ベニマシコ、ウソ、シメ、イカル、ホオジロ、ホオアカ、カシラダカ、アオジ、クロジ、オオジュリン、コジュケイ、ドバト(カワラバト)

浜名湖の夕日

会員お勧め情報

> 周遊総延長距離114kmでとても1日では回りきれないが、ポイントは冬のスズガモやホオジロガモなどのカモ類、夏場のアオバトの海水飲みシーン、春秋のシギ・チドリなどと季節によってバードウォッチングの楽しみが変わってくる。周辺には観光地や景勝地も多く、グルメと合わせて探鳥するのも楽しい。今迄に200種以上の野鳥が観察されており、珍しい鳥に遭遇することも多い。

浜名湖ガーデンパーク 88種　BWGI No.16

オカヨシガモ、ヨシガモ、ヒドリガモ、マガモ、カルガモ、ハシビロガモ、オナガガモ、コガモ、ホシハジロ、キンクロハジロ、スズガモ、カワアイサ、カイツブリ、カンムリカイツブリ、ハジロカイツブリ、キジバト、アオバト、カワウ、アオサギ、ダイサギ、コサギ、バン、オオバン、ツツドリ、ケリ、ムナグロ、コチドリ、シロチドリ、タシギ、チュウシャクシギ、ダイシャクシギ、ホウロクシギ、キアシシギ、イソシギ、ユリカモメ、ウミネコ、カモメ、セグロカモメ、コアジサシ、ミサゴ、トビ、オオタカ、ノスリ、カワセミ、アリスイ、コゲラ、アカゲラ、ハヤブサ、モズ、カケス、ハシボソガラス、ハシブトガラス、ヤマガラ、ヒガラ、シジュウカラ、ヒバリ、ツバメ、コシアカツバメ、ヒヨドリ、ウグイス、エナガ、センダイムシクイ、メジロ、オオヨシキリ、セッカ、ムクドリ、コムクドリ、シロハラ、アカハラ、ツグミ、ジョウビタキ、ノビタキ、イソヒヨドリ、コサメビタキ、キビタキ、スズメ、キセキレイ、ハクセキレイ、セグロセキレイ、ビンズイ、カワラヒワ、マヒワ、シメ、イカル、ホオジロ、アオジ、コジュケイ、ドバト(カワラバト)

 会員お勧め情報

　開園から10年以上たち、園内の自然度も豊かになってきた。当地は浜名湖に面していて、水辺の鳥と山野の鳥も見られる。カイツブリやカワラヒワ等も繁殖し、ミサゴやオオタカ等猛禽類も見られる。時に水路の枯れた葦にタシギが隠れていたり、秋の渡りの時期にはツツドリの姿を見ることも。1日、お弁当を持ってゆっくりと季節の花を楽しみながらの探鳥がおすすめ。

桶ヶ谷沼 93種　BWGI No.25

コハクチョウ、オシドリ、オカヨシガモ、ヨシガモ、ヒドリガモ、マガモ、カルガモ、ハシビロガモ、オナガガモ、トモエガモ、コガモ、アカハシハジロ、ホシハジロ、キンクロハジロ、ミコアイサ、カイツブリ、カンムリカイツブリ、ハジロカイツブリ、キジバト、アオバト、カワウ、アオサギ、ダイサギ、コサギ、クイナ、ヒクイナ、バン、オオバン、ホトトギス、ヒメアマツバメ、ケリ、タシギ、ミサゴ、トビ、チュウヒ、ハイタカ、オオタカ、ノスリ、オオコノハズク、カワセミ、コゲラ、アカゲラ、アオゲラ、チョウゲンボウ、ハヤブサ、サンコウチョウ、モズ、カケス、ハシボソガラス、ハシブトガラス、コガラ、ヤマガラ、ヒガラ、シジュウカラ、ヒバリ、ツバメ、イワツバメ、ヒヨドリ、ウグイス、エナガ、メジロ、オオヨシキリ、セッカ、ミソサザイ、ムクドリ、シロハラ、ツグミ、ルリビタキ、ジョウビタキ、イソヒヨドリ、キビタキ、オオルリ、カヤクグリ、スズメ、キセキレイ、ハクセキレイ、セグロセキレイ、ビンズイ、カワラヒワ、マヒワ、ベニマシコ、ウソ、シメ、イカル、ホオジロ、カシラダカ、ミヤマホオジロ、アオジ、クロジ、オオジュリン、コジュケイ、ドバト(カワラバト)、ソウシチョウ

観察地

 会員お勧め情報

　全国でも有数の「トンボの楽園」として知られ貴重なベッコウトンボをはじめ全国で見られるトンボの種類の約3分の1が確認されている。また日本の秘境100選、静岡県自然環境保全地域に指定されているため豊かな自然環境が保たれ、四季を通じて様々な野鳥が観察出来る。おすすめは冬季の水面で、1,000羽を超えるカモ類の中からこの辺では珍しいトモエガモを探したり、毎年訪れるコハクチョウの姿も是非見てみたい。
　また沼を1周する多少起伏のある遊歩道を行けばキツツキ類や多くのカラ類、ジョウビタキやルリビタキ等の里山の鳥たちが出迎えてくれる。

磐田大池　117種　BWGI No.26

キジ、マガン、コハクチョウ、ツクシガモ、オシドリ、オカヨシガモ、ヨシガモ、ヒドリガモ、マガモ、カルガモ、ハシビロガモ、オナガガモ、シマアジ、トモエガモ、コガモ、ホシハジロ、キンクロハジロ、スズガモ、ミコアイサ、カイツブリ、カンムリカイツブリ、ミミカイツブリ、ハジロカイツブリ、キジバト、コウノトリ、カワウ、ヨシゴイ、ゴイサギ、ササゴイ、アカガシラサギ、アマサギ、アオサギ、ダイサギ、チュウサギ、コサギ、カラシラサギ、ヘラサギ、クイナ、ヒクイナ、バン、オオバン、ツツドリ、アマツバメ、ヒメアマツバメ、タゲリ、ケリ、ムナグロ、ダイゼン、コチドリ、シロチドリ、セイタカシギ、タシギ、オオハシシギ、オグロシギ、オオソリハシシギ、ツルシギ、アカアシシギ、コアオアシシギ、アオアシシギ、タカブシギ、イソシギ、オバシギ、ミユビシギ、トウネン、ヨーロッパトウネン、オジロトウネン、アメリカウズラシギ、ウズラシギ、サルハマシギ、ハマシギ、エリマキシギ、セグロカモメ、コアジサシ、クロハラアジサシ、ハジロクロハラアジサシ、ミサゴ、トビ、チュウヒ、ツミ、ハイタカ、オオタカ、サシバ、ノスリ、カワセミ、アリスイ、コゲラ、アオゲラ、チョウゲンボウ、ハヤブサ、モズ、ハシボソガラス、ハシブトガラス、ヒバリ、ツバメ、ヒヨドリ、ウグイス、メジロ、オオヨシキリ、セッカ、ムクドリ、ツグミ、ジョウビタキ、ノビタキ、コサメビタキ、スズメ、キセキレイ、ハクセキレイ、セグロセキレイ、タヒバリ、カワラヒワ、ベニマシコ、ホオジロ、ホオアカ、アオジ、オオジュリン、コジュケイ、ドバト(カワラバト)

会員お勧め情報

磐田大池は内陸性干潟でシギ・チドリが多く見られる。後背地の田畑も含め春秋の渡りの季節や冬のカモ類等今迄に117種の野鳥が確認されている。H29年度には野鳥をテーマの1つにした都市公園として整備され、アクセスも良く探鳥地としてはお勧めである。葦原にはオオジュリンやベニマシコなども見ることができる。

小笠山　97種　BWGI No.31,32,33

ヤマドリ、キジ、オシドリ、オカヨシガモ、ヨシガモ、ヒドリガモ、マガモ、カルガモ、ハシビロガモ、オナガガモ、コガモ、ホシハジロ、キンクロハジロ、カイツブリ、キジバト、アオバト、カワウ、アオサギ、バン、オオバン、ホトトギス、ツツドリ、ヨタカ、アマツバメ、ヒメアマツバメ、ケリ、イカルチドリ、コチドリ、ミサゴ、ハチクマ、トビ、ツミ、ハイタカ、オオタカ、サシバ、ノスリ、カワセミ、コゲラ、アカゲラ、アオゲラ、サンショウクイ、サンコウチョウ、モズ、カケス、ハシボソガラス、ハシブトガラス、キクイタダキ、コガラ、ヤマガラ、ヒガラ、シジュウカラ、ヒバリ、ツバメ、イワツバメ、ヒヨドリ、ウグイス、ヤブサメ、エナガ、センダイムシクイ、メジロ、オオヨシキリ、ヒレンジャク、ミソサザイ、ムクドリ、トラツグミ、クロツグミ、シロハラ、アカハラ、ツグミ、ルリビタキ、ジョウビタキ、イソヒヨドリ、サメビタキ、コサメビタキ、キビタキ、オオルリ、カヤクグリ、スズメ、キセキレイ、ハクセキレイ、セグロセキレイ、ビンズイ、タヒバリ、カワラヒワ、マヒワ、ベニマシコ、ウソ、シメ、イカル、ホオジロ、カシラダカ、ミヤマホオジロ、アオジ、クロジ、コジュケイ、ドバト(カワラバト)、ソウシチョウ

会員お勧め情報

与左衛門池の山側から小笠神社に登る登山口があり、そこから林道を100m位進むと山に小さなトンネルがある。ドンドン隧道と呼ばれ、明治時代に地域の住民が用水を通すため手掘りで掘ったトンネルだ。夏はサンコウチョウやオオルリが多く、冬はルリビタキ等が楽しめる。小笠山総合運動公園(エコパ)の探鳥もお勧め。バードウォッチングの後は掛川森林果樹公園にあるビュッフェレストラン「アトリエ」のパンはお楽しみ。

はまぼう公園・太田川河口　168種　BWGI No.29

キジ、(オオ)ヒシクイ、マガン、コクガン、ツクシガモ、オシドリ、オカヨシガモ、ヨシガモ、ヒドリガモ、アメリカヒドリ、マガモ、カルガモ、ハシビロガモ、オナガガモ、シマアジ、トモエガモ、コガモ、ホシハジロ、キンクロハジロ、スズガモ、シノリガモ、クロガモ、ホオジロガモ、カワアイサ、ウミアイサ、カイツブリ、カンムリカイツブリ、ミミカイツブリ、ハジロカイツブリ、キジバト、アオバト、アビ、オオハム、シロエリオオハム、オオミズナギドリ、ハシボソミズナギドリ、コグンカンドリ、カワウ、ゴイサギ、ササゴイ、アカガシラサギ、アマサギ、アオサギ、ダイサギ、チュウサギ、コサギ、クロサギ、カラシラサギ、ヘラサギ、クロツラヘラサギ、クイナ、バン、オオバン、アマツバメ、ヒメアマツバメ、タゲリ、ケリ、ムナグロ、ダイゼン、ハジロコチドリ、コチドリ、シロチドリ、メダイチドリ、オオメダイチドリ、ミヤコドリ、セイタカシギ、タシギ、オオハシシギ、オグロシギ、オオソリハシシギ、チュウシャクシギ、ダイシャクシギ、ホウロクシギ、ツルシギ、アオアシシギ、クサシギ、タカブシギ、キアシシギ、ソリハシシギ、イソシギ、キョウジョシギ、オバシギ、ミユビシギ、トウネン、ヨーロッパトウネン、ハマシギ、ヘラシギ、キリアイ、エリマキシギ、ミツユビカモメ、ユリカモメ、ズグロカモメ、ウミネコ、カモメ、ワシカモメ、シロカモメ、セグロカモメ、オオセグロカモメ、ハシブトアジサシ、コアジサシ、セグロアジサシ、アジサシ、クロハラアジサシ、ハジロクロハラアジサシ、マダラウミスズメ、カンムリウミスズメ、ミサゴ、ハチクマ、トビ、オジロワシ、チュウヒ、ツミ、ハイタカ、オオタカ、サシバ、ノスリ、コミミズク、カワセミ、アリスイ、コゲラ、アカゲラ、チョウゲンボウ、ハヤブサ、モズ、カケス、ハシボソガラス、ハシブトガラス、ヤマガラ、シジュウカラ、ヒバリ、ショウドウツバメ、ツバメ、コシアカツバメ、イワツバメ、ヒヨドリ、ウグイス、エナガ、メボソムシクイ、センダイムシクイ、メジロ、オオヨシキリ、セッカ、ムクドリ、コムクドリ、シロハラ、ツグミ、ジョウビタキ、ノビタキ、イソヒヨドリ、コサメビタキ、キビタキ、オオルリ、スズメ、キセキレイ、ハクセキレイ、セグロセキレイ、ビンズイ、タヒバリ、カワラヒワ、ベニマシコ、シメ、ホオジロ、ホオアカ、カシラダカ、アオジ、オオジュリン、コジュケイ、ドバト(カワラバト)

会員お勧め情報

　春秋のシギ・チドリ類や、冬のカモ類、コアジサシやカモメ類と水辺の鳥がいろいろと見られ、季節の移り変わりを感じることができる。対岸に福田漁港があり、魚が豊富にいるのか、魚食性の鳥の食事シーンがよく見られる。特にミサゴをじっくりと観察できるのがいい。ミサゴ独特の大きな魚のつかみ方はぜひ見てみたい。食べられるのか心配になるような大きな獲物をくわえたカワウが悪戦苦闘しているのを見ることもある。時間があれば、福田漁港にある渚の交流館で海鮮料理を味わってみよう。

小國神社　65種　BWGI No.35

キジ、カルガモ、キジバト、アオバト、カワウ、アオサギ、ホトトギス、ツツドリ、ヨタカ、アマツバメ、ヒメアマツバメ、ハチクマ、トビ、ハイタカ、オオタカ、サシバ、ノスリ、クマタカ、アカショウビン、カワセミ、コゲラ、アカゲラ、アオゲラ、チョウゲンボウ、サンショウクイ、サンコウチョウ、モズ、カケス、ハシボソガラス、ハシブトガラス、ヤマガラ、ヒガラ、シジュウカラ、ツバメ、コシアカツバメ、ヒヨドリ、ウグイス、ヤブサメ、エナガ、エゾムシクイ、センダイムシクイ、メジロ、ミソサザイ、トラツグミ、クロツグミ、シロハラ、アカハラ、ツグミ、ルリビタキ、ジョウビタキ、コサメビタキ、キビタキ、オオルリ、スズメ、キセキレイ、ハクセキレイ、セグロセキレイ、カワラヒワ、ウソ、シメ、イカル、ホオジロ、アオジ、コジュケイ、ソウシチョウ

会員お勧め情報

　高い杉が林立する静かな佇まいにある由緒ある神社で、ご祭神は「だいこくさま」。初夏にはサンコウチョウ・オオルリ・クロツグミの鳴き声が森の中に響き渡る。境内を流れる宮川沿いには1kmにわたってモミジが植えられており、晩秋の紅葉は見事だ。

観察地

浅羽 118種 BWGI No.34

ウズラ、キジ、マガン、コハクチョウ、オオハクチョウ、カルガモ、コガモ、キジバト、コウノトリ、カワウ、ゴイサギ、アマサギ、アオサギ、ダイサギ、チュウサギ、コサギ、ナベヅル、ヒクイナ、バン、タゲリ、ケリ、ムナグロ、ダイゼン、ハジロコチドリ、イカルチドリ、コチドリ、メダイチドリ、オオメダイチドリ、セイタカシギ、チュウジシギ、タシギ、オオハシシギ、シベリアオオハシシギ、オグロシギ、オオソリハシシギ、コシャクシギ、チュウシャクシギ、ホウロクシギ、アカアシシギ、コアオアシシギ、アオアシシギ、クサシギ、タカブシギ、キアシシギ、ソリハシシギ、イソシギ、キョウジョシギ、オバシギ、コオバシギ、トウネン、ヨーロッパトウネン、オジロトウネン、ヒバリシギ、ヒメウズラシギ、アメリカウズラシギ、ウズラシギ、サルハマシギ、ハマシギ、キリアイ、エリマキシギ、アカエリヒレアシシギ、タマシギ、ツバメチドリ、コアジサシ、クロハラアジサシ、ハジロクロハラアジサシ、ミサゴ、トビ、チュウヒ、ハイイロチュウヒ、ハイタカ、オオタカ、ノスリ、コミミズク、カワセミ、チョウゲンボウ、コチョウゲンボウ、ハヤブサ、モズ、コクマルガラス、ミヤマガラス、ハシボソガラス、ハシブトガラス、シジュウカラ、ヒバリ、ショウドウツバメ、ツバメ、コシアカツバメ、ヒヨドリ、メジロ、セッカ、ムクドリ、ホシムクドリ、シロハラ、ツグミ、ジョウビタキ、ノビタキ、ニュウナイスズメ、スズメ、ハクセキレイ、セグロセキレイ、ムネアカタヒバリ、タヒバリ、アトリ、カワラヒワ、ベニマシコ、シメ、ホオジロ、ホオアカ、コホオアカ、カシラダカ、アオジ、シベリアジュリン、コジュリン、オオジュリン、サバンナシトド、コジュケイ、ドバト(カワラバト)

 会員お勧め情報

> 殆ど平らな田園地帯でワシタカ類やシギ・チドリ類のメッカとなっている。珍しい草原の鳥が見られることもある。1年中何か驚きに満ちている。特に鳥が多い干潟や河川があるのではないが広大な田園地帯が野鳥の餌場になっているのだろう。農作業の邪魔にならない様にマナーを守って探鳥させて貰おう。

御前崎 100種 BWGI No.40

コクガン、ホシハジロ、シノリガモ、クロガモ、ウミアイサ、アカエリカイツブリ、カンムリカイツブリ、ハジロカイツブリ、キジバト、アオバト、アビ、オオハム、シロエリオオハム、オオミズナギドリ、ハシボソミズナギドリ、オオグンカンドリ、コグンカンドリ、ヒメウ、カワウ、ウミウ、アオサギ、コサギ、クロサギ、アマツバメ、ヒメアマツバメ、ムナグロ、ダイゼン、ハジロコチドリ、イカルチドリ、コチドリ、シロチドリ、メダイチドリ、オオメダイチドリ、ミヤコドリ、オオソリハシシギ、チュウシャクシギ、ホウロクシギ、アカアシシギ、キアシシギ、ソリハシシギ、イソシギ、キョウジョシギ、オバシギ、コオバシギ、ミユビシギ、トウネン、ヨーロッパトウネン、ウズラシギ、サルハマシギ、ハマシギ、ヘラシギ、キリアイ、アカエリヒレアシシギ、ツバメチドリ、ミツユビカモメ、ユリカモメ、ウミネコ、カモメ、セグロカモメ、オオセグロカモメ、コアジサシ、ベニアジサシ、アジサシ、アカアシアジサシ(亜種)、ウミスズメ、カンムリウミスズメ、ミサゴ、トビ、オオタカ、ノスリ、アリスイ、コゲラ、チョウゲンボウ、ハヤブサ、モズ、カササギ、ハシボソガラス、ハシブトガラス、シジュウカラ、ヒバリ、ツバメ、ヒヨドリ、ウグイス、メジロ、セッカ、ムクドリ、ツグミ、ジョウビタキ、イソヒヨドリ、スズメ、ハクセキレイ、セグロセキレイ、ビンズイ、タヒバリ、カワラヒワ、ホオジロ、アオジ、コジュケイ、ドバト(カワラバト)

観察地

 会員お勧め情報

> 静岡県最南端に位置する御前崎岬。岸壁の上の白亜の灯台。眼下に広がる碧い大海原。遥か遠い沖に貨物船や漁船が行き交い、冬季の富士山は絶景でカモメやオオミズナギドリが翔ぶ。岩場に打ち寄せる波間でクロサギが跳び、岸辺では渡りの途中のシギやチドリが飛び交う。のんびり鳥見した後は海鮮料理が盛り沢山。

野鳥を見てみよう…探鳥会の魅力…バードウォッチングの楽しみ方

ちょっと鳥に興味はあるけど探鳥会っておおげさで…と思っていませんか。皆で鳥の数をせっせと数えている？珍しい鳥を追っかけている？それとも藪の中でテントを張っている？いいえ、探鳥会でそのようなことはほとんどしません。公園や河川敷など市街地からアクセスが良い所で行うことが多く、お散歩しながら野鳥を観察します。

ではどういう流れかというと、まず受付をして名札をつけます。双眼鏡や図鑑の貸し出しもあります。集合し、その日のコースや見どころの説明があってから探鳥スタート。視線を動かし、耳を澄まして探していきます。

探鳥会には数名の担当者がいるので、初心者でも安心です。1人では見つけにくい鳥もたくさんの目だと見つけることが出来ますし、誰かがスコープで捉えると覗かせてもらえるので、鳥の色やしぐさをしっかり観察できます。

周りの人とは観察しながらの会話なので、初対面でもあまり緊張しないのではないでしょうか。

最後にまた集合し、鳥合わせ（観察した鳥を参加者同士で確認）をし、今後の行事やお知らせがあって解散です。鳥合わせのときにはメモ帳やスマートフォンがあると記録を残せて便利です。

鳥合わせで今日出た鳥を確認

こんな近くにたくさんの鳥がいたこと、いつもの鳥をじっくりみたらおもしろい動きをしていたこと、きっと発見がありますよ。

双眼鏡の使い方や探し方・見分け方のコツ、その土地の野鳥のことはもちろん探鳥マナー・植物・風土などその時々の会話も生まれます。ネット検索では出てこない細かなご当地情報もあるでしょう。

もちろん家の近所で見かけるけれど名前がわからない鳥のこと、気になる鳴き声の鳥のこと、写真に撮った鳥のことなど質問もしてもいいかも。

探鳥会には親子連れもいればお花が目的の人もおり、それぞれの楽しみ方をしています。遠江（支部）ホームページでは開催地の日時とともにコースの難易度も紹介していますので参加の目安にしてください。

サンコウチョウ

ほら、なんだかいつもの庭や道の風景が変わる予感がしてきたでしょう？
準備するものは動きやすい恰好だけ。お気軽にお越しください。

日本野鳥の会　遠江（支部）HPアドレス	http://www.wbsjtm.com
（公益財団法人）日本野鳥の会HPアドレス	http://www.wbsj.org

【コラム】バードウォッチングの極み　シギ・チドリ観察の魅力

　シギ・チドリの魅力は識別の楽しさにあると思います。似ていてわからないから苦手という話をよく聞きますが、羽の模様は複雑で様々です。似ているようで、ちょっと違います。観察を続けることによって、今までわからなくて迷っていた鳥の名前がわかるようになります。すると、次はもう少し難しい鳥を探して識別しよう、幼鳥の羽はどんなだろう？等々…好奇心が尽きることはありません。沢山居る群れの中から、まだ見たことが無い種類を探し当てるのも楽しい時間です。

セイタカシギ

あなたもバードウォッチングや野鳥撮影を楽しみませんか
日本野鳥の会への入会等のお問合せは下記へ

　　（公益財団法人）日本野鳥の会　会員室
　　　http://www.wbsj.org/
　　　Email：gyomu@wbsj.org
　　　TEL：03-5436-2631（10：00～17：00 土日祝定休）

日本野鳥の会　遠江事務局
　　　http://www.wbsjtm.com
　　　Email：tootouminotori@yahoo.co.jp

コハクチョウ　　　　　　　　　　　ウグイス

和名アイウエオ索引

ア
アオアシシギ……………… 50
アオゲラ……………… 62
アオサギ……………… 43
アオジ……………… 74
アオシギ……………… 51
アオバズク……………… 57
アオバト……………… 59
アカアシアジサシ(亜種)… 40
アカアシシギ……………… 49
アカエリカイツブリ……… 29
アカエリヒレアシシギ…… 51
アカガシラサギ…………… 41
アカゲラ……………… 62
アカショウビン…………… 61
アカハシハジロ…………… 35
アカハラ……………… 68
アカハラダカ……………… 55
アジサシ……………… 40
アトリ……………… 75
アビ……………… 29
アマサギ……………… 42
アマツバメ……………… 60
アメリカウズラシギ……… 47
アメリカコガモ(亜種)…… 33
アメリカヒドリ…………… 35
アリスイ……………… 62

イ
イカル……………… 77
イカルチドリ……………… 45
イスカ……………… 76
イソシギ……………… 49
イソヒヨドリ……………… 68
イヌワシ……………… 52
イワツバメ……………… 64
イワヒバリ……………… 66

ウ
ウグイス……………… 69
ウズラ……………… 58
ウズラシギ……………… 47
ウソ……………… 76
ウミアイサ……………… 37
ウミウ……………… 31
ウミスズメ……………… 40
ウミネコ……………… 38

エ
エゾビタキ……………… 72
エゾムシクイ……………… 71
エナガ……………… 72
エリマキシギ……………… 48

オ
オオアカゲラ……………… 62
オオアカハラ(亜種)……… 69
オオアジサシ……………… 40
オオジュリン……………… 74
オオセグロカモメ………… 38
オオソリハシシギ………… 50

オ
オオタカ……………… 54
オオハクチョウ…………… 31
オオハム……………… 29
オオバン……………… 44
オオマシコ……………… 76
オオミズナギドリ………… 38
オオメダイチドリ………… 45
オオヨシキリ……………… 70
オオルリ……………… 71
オオワシ……………… 52
オカヨシガモ……………… 34
オグロシギ……………… 50
オシドリ……………… 34
オジロトウネン…………… 46
オジロビタキ……………… 71
オジロワシ……………… 52
オナガ……………… 78
オナガガモ……………… 34
オニアジサシ……………… 40
オバシギ……………… 48

カ
カイツブリ……………… 30
カケス……………… 78
カササギ……………… 78
カシラダカ……………… 73
カッコウ……………… 59
カナダヅル……………… 43
ガビチョウ……………… 79
カモメ……………… 39
カヤクグリ……………… 66
カラシラサギ……………… 41
カラムクドリ……………… 78
カルガモ……………… 32
カワアイサ……………… 37
カワウ……………… 31
カワガラス……………… 66
カワセミ……………… 61
カワラヒワ……………… 75
カンムリカイツブリ……… 29

キ
キアシシギ……………… 50
キクイタダキ……………… 70
キジ……………… 58
キジバト……………… 58
キセキレイ……………… 65
キバシリ……………… 73
キビタキ……………… 71
キョウジョシギ…………… 49
キリアイ……………… 47
キレンジャク……………… 66
キンクロハジロ…………… 36

ク
クイナ……………… 44
クサシギ……………… 49
クビワキンクロ…………… 36
クマタカ……………… 53

和名アイウエオ索引

ク
クロガモ……………………37
クロサギ……………………42
クロジ………………………74
クロツグミ…………………69
クロツラヘラサギ…………43
クロハラアジサシ…………39

ケ
ケアシノスリ………………54
ケリ…………………………46

コ
コアオアシシギ……………49
コアジサシ…………………40
コイカル……………………77
ゴイサギ……………………41
コウノトリ…………………43
コウライアイサ……………37
コウライウグイス…………63
コオバシギ…………………48
コオリガモ…………………37
コガモ………………………33
コガラ………………………72
コクガン……………………31
コクマルガラス……………78
コグンカンドリ……………38
コゲラ………………………62
コサギ………………………42
コサメビタキ………………71
コシアカツバメ……………64
コシャクシギ………………50
ゴジュウカラ………………72
コジュケイ…………………58
コジュリン…………………74
コスズガモ…………………36
コチドリ……………………45
コチョウゲンボウ…………56
コノハズク…………………57
コハクチョウ………………31
コブハクチョウ……………31
コホオアカ…………………73
コマドリ……………………67
コミミズク…………………56
コムクドリ…………………77
コヨシキリ…………………70
コリンウズラ………………79
コルリ………………………67

サ
ササゴイ……………………41
サシバ………………………53
サバンナシトド……………75
サメビタキ…………………72
サンカノゴイ………………41
サンコウチョウ……………63
サンショウクイ……………65

シ
シジュウカラ………………72
シノリガモ…………………37
シベリアジュリン…………75
シマアジ……………………33
シメ…………………………77
ジュウイチ…………………60
ショウドウツバメ…………64
ジョウビタキ………………67
シロエリオオハム…………29
シロカモメ…………………39
シロチドリ…………………45
シロハラ……………………69

ス
ズグロカモメ………………39
スズガモ……………………36
スズメ………………………77

セ
セイタカシギ………………51
セグロカモメ………………38
セグロセキレイ……………65
セッカ………………………70
センダイムシクイ…………71

ソ
ソウシチョウ………………79
ソリハシシギ………………49
ソリハシセイタカシギ……51

タ
ダイサギ……………………42
ダイシャクシギ……………50
ダイゼン……………………46
タカブシギ…………………48
タゲリ………………………46
タシギ………………………51
タヒバリ……………………65
タマシギ……………………51

チ
チゴハヤブサ………………56
チュウサギ…………………42
チュウジシギ………………51
チュウシャクシギ…………50
チュウヒ……………………54
チョウゲンボウ……………56

ツ
ツクシガモ…………………32
ツグミ………………………69
ツツドリ……………………59
ツバメ………………………64
ツバメチドリ………………46
ツミ…………………………55
ツルシギ……………………49

ト
トウネン……………………46
ドバト(カワラバト)………79
トビ…………………………53
トモエガモ…………………33
トラツグミ…………………68

ト
トラフズク……………………56

ナ
ナベヅル………………………43

ニ
ニュウナイスズメ……………77

ノ
ノゴマ…………………………67
ノスリ…………………………54
ノビタキ………………………68

ハ
ハイイロチュウヒ……………54
ハイタカ………………………55
ハギマシコ……………………76
ハクセキレイ…………………65
ハシビロガモ…………………32
ハシブトアジサシ……………40
ハシブトガラス………………79
ハシボソガラス………………79
ハシボソミズナギドリ……38
ハジロカイツブリ……………30
ハジロクロハラアジサシ……39
ハジロコチドリ………………45
ハチクマ………………………53
ハチジョウツグミ(亜種)…69
ハマシギ………………………47
ハヤブサ………………………55
ハリオアマツバメ……………60
バン……………………………44

ヒ
ヒガラ…………………………72
ヒクイナ………………………44
ヒシクイ(オオヒシクイ)…32
ヒドリガモ……………………35
ヒバリ…………………………63
ヒバリシギ……………………47
ヒメアマツバメ………………60
ヒメウ…………………………30
ヒヨドリ………………………65
ヒレンジャク…………………66
ビロードキンクロ……………37
ビンズイ………………………65

フ
フクロウ………………………57
ブッポウソウ…………………61

ヘ
ベニバト………………………58
ベニヒワ………………………75
ベニマシコ……………………76
ヘラサギ………………………43
ヘラシギ………………………48

ホ
ホウロクシギ…………………50
ホオアカ………………………73
ホオジロ………………………73
ホオジロガモ…………………35

ホ
ホシガラス……………………78
ホシハジロ……………………35
ホシムクドリ…………………78
ホトトギス……………………60

マ
マガモ…………………………32
マガン…………………………31
マキノセンニュウ……………70
マナヅル………………………44
マヒワ…………………………75
マミジロ………………………68
マミチャジナイ………………69

ミ
ミコアイサ……………………38
ミサゴ…………………………52
ミゾゴイ………………………41
ミソサザイ……………………66
ミツユビカモメ………………39
ミミカイツブリ………………30
ミヤコドリ……………………44
ミヤマガラス…………………79
ミヤマホオジロ………………74
ミユビシギ……………………47

ム
ムクドリ………………………78
ムナグロ………………………45

メ
メジロ…………………………73
メダイチドリ…………………45
メボソムシクイ………………70

モ
モズ……………………………66

ヤ
ヤイロチョウ…………………63
ヤツガシラ……………………61
ヤブサメ………………………70
ヤマガラ………………………72
ヤマシギ………………………51
ヤマセミ………………………60
ヤマドリ………………………58

ユ
ユリカモメ……………………39

ヨ
ヨーロッパトウネン…………47
ヨシガモ………………………33
ヨシゴイ………………………41
ヨタカ…………………………60

ラ
ライチョウ……………………57

ル
ルリビタキ……………………67

レ
レンカク………………………45

ワ
ワシカモメ……………………39

クマタカ

サンコウチョウ

あとがき

　日本野鳥の会　遠江の会創立45周年を記念して、「遠江の鳥バードウォッチングガイドⅡ静岡県西部の野鳥」(以下『BWGⅡ』)を刊行することができました。

　40周年記念で発行したガイドブック『BWGⅠ』は、日頃バードウォッチングを楽しんでいるフィールドを広く会員や一般の方々にも紹介したいという目的でしたので、今回の『BWGⅡ』は野鳥そのものを中心に幅広く紹介することを目的としました。

　静岡県西部(遠江)地区で見られる野鳥はほぼ300種、その殆どを網羅したいとの思いで検討を始め、図鑑的要素は少なくし、しかも鳥の特徴は的確に表現する「会員お勧め情報」という手法をとることにしました。

　その結果掲載種は295種、全ての野鳥写真をなるべく見易くアップで掲載し、ポケットに入るサイズで価格もお手軽な野鳥観察ガイドブックに仕上げることができました。

　又、当会会員にはマナーを守った野鳥カメラマンが多いという特徴を生かし、素晴らしい四季の野鳥写真作品も掲載することができました。

　本ガイドブックの執筆は、会員のボランティアによるものであり、使われた写真・イラストは10歳の小学生から85歳のベテラン迄、総計65名の会員(一部非会員の協力あり)の提供によるものです。

　又、野鳥写真の識別・校正についてはベテラン会員の青木正男さん・中村幸子さんに御協力を頂きました。

　是非、本書『BWGⅡ』と『BWGⅠ』をセットで使って頂き、バードウォッチングや野鳥の撮影を楽しんで頂ければと思います。

　最後に本書の監修や企画構成等に多大な御助言を頂きました(公益財団法人)日本野鳥の会・安西英明主席研究員・理事に心から感謝を申し上げます。

　　　　　　2018年5月　日本野鳥の会　遠江　代表・増田裕

参考文献・資料

遠江の鳥Vol.187〜292　日本野鳥の会　遠江(支部)会報(支部報)
遠江の鳥バードウォッチングガイド静岡県西部の身近な探鳥地
　　　日本野鳥の会 遠江著　2012年

フィールドガイド日本の野鳥増補改訂新版
　　　　　　　　(公財)日本野鳥の会　高野伸二著
静岡県の鳥類(第1版)　静岡県環境部自然保護課・静岡の鳥編集委員会
静岡県の鳥類(第2版)　静岡の鳥編集委員会　2010年
日本鳥類目録 改訂第7版　日本鳥学会　2012年
日本鳥学会2017年度大会講演要旨集
日本のカモ識別図鑑　氏原巨雄・氏原道昭著　誠文堂新光社 2016年
日本の野鳥識別図鑑　中野泰敬・叶内拓哉・永井凱巳著　誠文堂新光社
鳥630図鑑　日本鳥類保護連盟　1994年
日本の野鳥650　真木広造・大西敏一・五百澤日丸著　平凡社　2014年
新訂ワシタカ類飛翔ハンドブック　山県則男著　文一総合出版　2012年
シギ・チドリ類ハンドブック　氏原巨雄・氏原道昭著
　　　　　　　　　　　　　　文一総合出版　2011年
カモメ識別ハンドブック改訂版　氏原巨雄・氏原道昭著
　　　　　　　　　　　　　　文一総合出版　2010年
海鳥識別ハンドブック　箕輪義隆著　文一総合出版　2007年
Birds of North America Third Edition　NATIONAL GEOGRAPHIC
フィールド図鑑日本の野鳥　水谷高英・叶内拓哉著　文一総合出版　2017年

ブッポウソウ

ヤマドリ

協力者

本文執筆・校正：

青木正男	石本史子	梅原進	大城まり子	岡本健二
岡本早紀	加藤律子	片桐和雄	川村研也	高田年宏
津久井克美	徳田英雄	冨川潤	冨永准子	中村幸子
永山孝明	檜山芳子	松岡弘起	増田さやか	増田裕

コラム執筆：中村幸子　　　地図制作：永山孝明

写真提供：

青木正男	秋山恵美子	浅井勝	安達勝	渥美勉
生駒博慶	伊藤巌	伊藤順二	岩本和雄	大石和雄
大城まり子	大杉健二	岡田拓美	岡本健二	小粥暁斗
小倉敏雄	加藤律子	釜谷秀夫	河合正昭	工藤敏雄
栗田逸三	越川耕作	小林雅彦	澤木伸治	鈴木昭紀
鈴木朱	鈴木智丈	鈴木勉	鈴木正文	高塚誠
高月清松	竹生直行	田中明	谷口文雄	田村實
津久井克美	徳田英雄	永井康晴	中村惠一	中村大介
中村幸子	永山孝明	成瀬美子	成瀬裕康	福上荘一
藤井彰	堀尾紀子	牧内捷朗	増井嗣治	増田裕
松岡弘起	丸山公啓	守屋輝司	諸星知章	谷野かほる
矢部弘	山内十一	山口真利	山崎博義	山本昇志
米澤徳佳	渡辺正博			

イラスト提供：瀬下亜希　中村昌義　野末充子
写真監修：青木正男　　津久井克美　　中村幸子
企画構成：増田裕
特別監修：安西英明　　（公財）日本野鳥の会主席研究員・理事

遠江の鳥	バードウォッチングガイドⅡ 静岡県西部の野鳥
2018年5月1日　初版第1刷発行	
著作・編集	日本野鳥の会　遠江 　代表　増田裕 　http://www.wbsjtm.com 事務局　静岡県浜松市西区 大平台2-28-19ラミュッセエスティーA号 松岡弘起方　TEL053-484-0525 　Email:tootouminotori@yahoo.co.jp
制作/発売元	静岡新聞社 〒422-8033 静岡県静岡市駿河区登呂3-1-1 054-284-1666
印刷/製本	ハマプロ

日本野鳥の会　遠江

"野鳥も人も地球のなかま"

　日本野鳥の会　遠江は（公益財団法人）日本野鳥の会全国89支部の1つとして"自然にあるがままの野鳥に接して楽しみつつ、野鳥に関する科学的知識・適正な保護思想ならびに自然尊重の精神を養い、これを普及することによって人間性豊かな社会の発展に資すると共に、会員相互の親睦をはかる"ことを目的としています。

　年間30回以上に及ぶ探鳥会の開催や全国一斉ガンカモ調査・会独自のモニタリング調査等を通しての調査・保護活動、会報『遠江の鳥』の発行やホームページの運営等の広報活動、会員が撮影した野鳥の写真や野鳥に関する色々な作品を展示する野鳥展の開催、環境教育の支援や地域活動への参加など"野鳥も人も地球のなかま"をキーワードにさまざまな活動を行っています。

　皆様も一緒にバードウォッチングや写真撮影など野鳥を通じての趣味や活動を色々楽しみませんか。
お問い合わせは日本野鳥の会　遠江　事務局迄
　tootouminotori@yahoo.co.jp
　http://www.wbsjtm.com

ヒヨドリの渡り　　（御前崎市）